# 名优特经济林栽培

冯占亭　苗　青　主编

黄河水利出版社
·郑州·

**图书在版编目(CIP)数据**

名优特经济林栽培/冯占亭,苗青主编.—郑州:黄河水利出版社,2018.7

ISBN 978-7-5509-2085-9

Ⅰ.①名… Ⅱ.①冯… ②苗… Ⅲ.①经济林-栽培-技术 Ⅳ.①S727.3

中国版本图书馆CIP数据核字(2018)第172278号

组稿编辑:贾会珍 电话:0371-66028027 E-mail:110885539@qq.com

---

出 版 社:黄河水利出版社

地址:河南省郑州市顺河路黄委会综合楼14层 邮政编码:450003

发行单位:黄河水利出版社

发行部电话:0371-66026940、66020550、66028024、66022620(传真)

E-mail:hhslcbs@126.com

承印单位:河南新华印刷集团有限公司

开本:787 mm×1 092 mm 1/16

印张:9.5

字数:219千字 印数:1—2000

版次:2018年7月第1版 印次:2018年7月第1次印刷

---

定价:20.00元

# 前 言

近年来，河南经济林产业取得了较快的发展，经济林已成为林农、果农致富的主要产业，干果、水果、木本油料、木本药材等栽培在河南省具有较大的优势，面积得到巩固和扩大，产量、质量得到了进一步提高，加工、销售取得了明显成效，但是，还存在一些这样或那样的问题。各地应总结经验，吸取教训，为基层农民发展林果业提供技术指导和帮助，加快实现经济林产业由数量型向质量型、品牌型的转变，不断调整优化经济林的品种结构，培育发展名、优、特、新品种，切实推进经济林产业尽快迈向新台阶。实现上述目标，要以科技为支撑，大力普及和推广先进、适用的良种及栽培技术，进一步提高广大林农应用科学技术的能力。

为了推广经济林栽培新技术，帮助广大农民脱贫致富，我们根据河南省果农的种植需求，结合气候、土壤条件，筛选出适宜河南省推广的林业科技成果、栽培技术，编写了《名优特经济林栽培》一书。书中介绍了适宜河南省发展的核桃、板栗、枣、猕猴桃、梨、桃、李、杏、山茱萸、辛夷、金银花等干果、水果、药材、油料等树种，包括树种特性及适生条件、发展现状与发展空间、经济性状、效益及市场前景、适宜栽培品种、组装配套技术等。本书内容实用，技术先进，通俗易懂，可操作性强，突出了良种推广及优质、高效、无公害栽培，以通过丰产栽培，达到优质高产的目的。

本书适宜基层广大农民群众、果农参考使用，可供农学、林学、园林等专业的师生参考，也适宜作为基层林业工作者的生产指导用书或培训教材。

本书由南阳市林业技术推广站冯占亭、苗青编写并负责统稿。由于编者水平有限，本书错误和不足之处在所难免，敬请广大读者批评指正。

编 者

2017 年 12 月

# 前言

# 目 录

# 第一章　核　桃

## 第一节　树种特性及适生条件

### 一、生物学特性

核桃(*Juglans regia* L.)又名胡桃,属胡桃科核桃属。落叶乔木,一般高达3~5 m;树皮淡灰色,老时变暗有浅纵裂。枝条粗壮,幼时平滑,新枝绿褐色。奇数羽状复叶,互生,复叶长30~50 cm;小叶5~9枚,广卵圆形或长椭圆形,先端钝圆或急尖,基部楔形或宽楔形,侧生小叶基部偏斜,全缘,幼树及萌芽枝上之叶缘有不规则锯齿,侧脉11~15对,顶部叶较大;花单性,雌雄同株,雄花序长13~15 cm,雌花序穗状,直立,1~3花,雌花柱头淡黄绿色。果实圆形或长圆形,果径3.2~5.4 cm,表皮光滑或具柔毛,绿色,有稀密不等的黄色斑点,果壳表面具刻沟或皱纹。种仁呈脑状,被黄白色或黄褐色的薄种皮,其上具明显或不明显的脉络。花期4月下旬至5月上旬,果9月下旬至10月成熟。

核桃为深根性树种,根系分主根、侧根和须根。核桃主根发达,侧根伸展较远,须根广泛密集。成年核桃树的根系垂直分布在0~60 cm的土层中,根系的水平分布主要在冠下及树冠投影边缘范围内(以树干为中心)。混合芽萌发后抽生结果枝,在顶端着生雌花序开花结果。核桃顶芽的性质因树龄不同而有差异,幼树顶芽萌发后,生长量大,形成骨干枝,构成树干;进入结果期后,少数顶芽形成混合芽,可抽生结果枝。

核桃为雌雄同株异花树种。雄花与雌花开花和散粉的时间常有不相遇的现象,根据核桃雄花雌花开的时间早晚,分为雄先型和雌先型两种。某些品种同一株树上,雌雄花期可相距20多天。花期不遇常造成结果不良,严重影响坐果率和果树产量,因此生产上选择花期一致的品种配置授粉树,有利于坐果。核桃为风媒传粉和授粉。花粉在自然条件下生活力仅5天左右。雌花开花后1~5天内接受花粉的能力最强。一般在一天内的上午9~10时和下午3~4时授粉效果最好。核果从生长发育到果实成熟需130天左右。雌花授粉后30~40天内是幼果生长发育最快的时期,此期也是核桃落花落果较严重的时期,生产上进行人工授粉和疏除过多雄花芽,有利于提高坐果率。

### 二、栽培情况

世界上生产核桃的国家有50多个,我国已有2 000多年的栽培历史。核桃在我国分布广泛,除黑龙江、上海、广东、海南外,其他省(区、市)均有栽培。目前,我国核桃栽培面积、产量均居世界首位,栽培面积约2 250万亩(1亩=1/15 $hm^2$),年产量近50万t。河南主要栽培区有伏牛山、太行山、大别山等地区。

### 三、对立地条件、气候要求

**(一)立地条件**

适合核桃庞大根系与树体生长发育的良好土壤条件是土层深厚、疏松、肥沃、湿润,要求土层厚度大于1 m,pH值范围在5.5~8.0之间。核桃根系入土深,土层厚度在1 m以上时生长良好,土层过薄影响树体发育,容易焦梢,且不能正常结果。核桃喜土质疏松、排水良好的园地。在黏土、过湿土,以及地下水位高、强酸性或盐碱土上均生长不良,或发生根腐及枯梢现象。核桃在含钙的微碱性的沙质土壤上生长最佳,不耐盐碱,土壤含盐量宜在0.25%以下。核桃能耐较干燥的空气,而对土壤水分状况尤为敏感,土壤过干或过湿不利于核桃生长发育与结实。土壤干旱可造成落果,甚至提早落叶。土壤水分过多,通气不良,会使根系生长不良。在坡地上栽植核桃必须修筑梯田等,搞好水土保持工程。在易积水的地方须解决排水问题。核桃树具深根性,不耐湿热,不耐涝,对土壤要求严格,适于坡度平缓、土层深厚而湿润、背风向阳的条件。地下水位宜在地表2 m以下。若种植在阴坡,尤其坡度过大和迎风面上,往往生长不良,产量甚低,成为小老树。

**(二)气候条件**

核桃树为阳性树种,喜光照充足、温暖的气候,比较耐寒冷,耐大气干旱,但不耐湿热。其适宜的生境气候是:年日照时数在2 000小时以上,核桃苗木或大树适宜生长在年平均气温为8~15 ℃,极端最低温度不低于-30 ℃,无霜期在150~240天的地区。年降水量不少于500 mm。

## 第二节　发展现状与发展空间

### 一、发展现状

2008年以来,河南核桃产业步入快速发展轨道,种植总规模从80万亩增加到2017年底的近300万亩,总产量从8 000万kg增加到16 000万kg,总产值从不足12亿元增加到35亿元。最初引进了8518、辽核1号、辽核4号、绿波、香玲等核桃新品种,后来还引进了中林、丰辉、中农短枝、日本清香、鲁光、绿岭等核桃新品种。2012年调查组分别深入内乡县余关乡梁平村、赤眉乡张堂村及淅川县西簧乡河北村、谢湾村、厚坡乡马王岗村等地调查。从调查情况看,内乡县伏牛山浩林核桃种植合作社2007年从山东引进8518实生苗开始试种,8518果个大,72个/kg,种皮薄,种皮浅褐色,产量高,实生苗种植当年结果比例达35%~40%。8518实生苗的缺点是:性状不一致,第1年不结果的树,很多第2年、第3年照样不结果,给果实的商品化生产带来了难题,2009年开始对不结果的8518品种进行嫁接改良。目前,河南省核桃生产还存在着品种混杂、产量低、品质差、发展速度缓慢等许多问题。再加上管理粗放,技术服务力量差,科技含量低,严重制约了核桃的产业化发展。

### 二、发展空间

河南属暖温带—亚热带、湿润—半湿润季风气候。一般特点是冬季寒冷雨雪少,春季干旱风沙多，夏季炎热雨丰沛，秋季晴和日照足。全省年平均气温一般在12～16 ℃之间，1月－3～3 ℃，7月24～29 ℃，大体东高西低，南高北低，山地与平原间差异比较明显。气温年较差、日较差均较大，极端最高气温44.2 ℃，极端最低气温－21.7 ℃。全省无霜期从北往南为180～240天。年平均降水量为500～900 mm，南部及西部山地较多，大别山区可达1 000 mm以上。全年降水量的50%集中在夏季，常有暴雨。土壤为棕壤、黄棕壤、黄褐土、沙壤等，多数地区浅层地下水位储量较大，对林木生长很有利，是优质核桃的适生地。

## 第三节　经济性状、效益及市场前景

### 一、经济性状

#### （一）食用价值

在众多的经济林树种中，核桃树的经济价值是较高的一种。核桃因其果仁营养丰富、风味独特，因而被称为世界著名的“四大坚果”（核桃、扁桃、板栗、腰果）之一。核桃仁营养价值极高，含有大量脂肪、蛋白质、多种维生素和微量元素，通过加工、提炼生产核桃油。核桃蛋白质为一种优质蛋白质，含有18种氨基酸，除含有人体必需的8种氨基酸外，精氨酸和谷氨酸的含量也比较高。在深加工方面，核桃还可加工成核桃营养粉、核桃乳饮料、核桃休闲小食品等。

#### （二）药用价值

核桃的药用价值很高，医学认为核桃性温、味甘、无毒，有健胃、补血、润肺、养神等功效。核桃中的磷脂对脑神经有良好的保健作用。用核桃仁加工、提炼生产的核桃油，能有效防治人体胆固醇过高、高血压、糖尿病、肥胖症等疾病，还可作为保健饮料，在国际贸易中为重要出口物资。核桃油饱和脂肪酸（豆蔻酸、棕榈酸和硬脂酸）一般小于脂肪酸总量的10%；不饱和脂肪酸（油酸、亚油酸和亚麻酸）一般占总量的90%以上。特别是不饱和脂肪酸中亚油酸和亚麻酸为人体必需的脂肪酸，是前列腺素、EPA（二十碳五烯酸）、DHA（二十二碳六烯酸）等重要代谢产物的前体化合物，对维持人体健康，调节生理机能有重要作用。此外，核桃油还含有多种维生素和黄酮类等有活性的物质。

#### （三）生态、社会价值

核桃树具有较强的拦截烟尘、吸收二氧化碳和净化空气的能力，作为行道树、观赏树种用于城市绿化。核桃树根系发达且分布深而广，可以固结土壤，缓解地表径流，防止土壤侵蚀冲刷，可作为绿化荒山、保持水土、涵养水源的优质树种。

发展核桃产业，能够调整山区农业产业结构，助农增收，打造可持续发展的核桃产业体系具有十分重要的意义。

#### （四）其他价值

核桃木质色泽淡雅、纹理细密，可制作木器械和高档家具。树皮、树叶、青果皮可提取单宁，核壳可炼制活性炭。

## 二、效益

河南省进入盛果期的核桃树，品种比较好的，如淅川县厚坡乡马王岗村李沟组一农户种植的核桃园，2002 年栽植，栽植品种有香玲、绿波、辽核 1 号、辽核 4 号，岗坡地，密度 2.5 m×5 m，每亩 53 株，共计 60 亩，2012 年平均亩产干果 200 ~ 250 kg，单株最多结干果 15 kg，每亩收入在 4 000 ~5 000 元。岗坡地每亩年收入这么高也是不错的。

## 三、市场前景

随着人们生活水平的不断提高和对核桃各种经济价值认识的深入，核桃在国内、国际市场上十分走俏，需求量在不断增加，价格连年上涨。国内市场方面，目前我国核桃产量约为 50 万 t，人均占有量不足 0.4 kg，除出口核桃仁与加工产品外，实际人均消费核桃坚果仅为 0.3 kg，与美国人均核桃消费量 1 kg 相比，不足其 1/3。如果我国人均核桃消费量达到 1 kg，13 亿人口即需要 130 万 t 核桃，在目前 50 万 t 的基础上翻一番还不能满足，可见发展空间之大。据联合国粮农组织预测，核桃需求量将以每年 10% 的速度增长，在未来很长一段时间核桃都会呈现供不应求的局面。核桃油被列为近几年国际、国内市场需求量较高的三大植物油之一，具有广阔的市场前景和可观的经济效益。

# 第四节　适宜栽培品种

适合河南省的早实品种有香玲、中核短枝、辽核 4 号、辽核 7 号、中林 5 号。晚实品种有清香。现将常见的几个品种介绍如下。

## 一、香玲

由山东省果树研究所经人工杂交选育而成。树势中庸，树姿直立，树冠半圆形，分枝力较强。雄先型，中熟品种。壳面较光滑，缝合线平，不易开裂。横隔膜质，易取整仁。核仁充实饱满，出仁率 65.4%。核仁乳黄色，味香而不涩。

该品种适应性强，盛果期产量较高，大小年不明显。坚果光滑美观，品质上等，尤宜带壳销售或作生食用。较抗寒、耐旱，抗病性较差。适宜在山丘土层较深厚地块栽植和平原林粮间作。

## 二、辽核 4 号

由辽宁省经济林研究所经人工杂交选育而成。果型大，外观美，坚果品质上等。树势较强是其优点。坚果圆球形，平均单果重 14.9 ~ 18.5 g，60 ~ 70 个/kg，壳厚 0.8 ~ 1.0 mm，出仁率 56.2% ~62.0%。种仁饱满，内种皮无涩味，脂肪含量 66.4%，蛋白质含量 19.9%。雄先型品种，以中、长枝结果为主，多双果，侧芽结果率达 80.8%。果实 8 月下旬成熟。

该品种果枝率和坐果率高，连续丰产性强，坚果品质优良。适应性强，抗病性极强，抗旱、耐旱，适宜在河南省发展。

## 三、辽核7号

由辽宁省经济林研究所经人工杂交选育而成。坚果圆形,果基圆,果顶圆,壳面极光滑,色浅,缝合线窄而平,结合紧密。横隔,膜质退化,可取整仁;核仁充实饱满,黄白色,风味佳。该品种树势强壮,树姿开张或半开张,分枝力强,坐果率60%以上,多为双果,连续丰产强。该品种为雄先型,9月上旬坚果成熟。

该品种具有生长势旺、适应性广、抗病性强、丰产性好、坚果外形美观等优点,适宜在山区、平原土层深厚的地块栽培。

## 四、中林5号

由中国林科院林业研究所经人工杂交选育而成。树势中庸,树姿较开张,树冠长椭圆至圆头形,分枝力较强。枝条节间短而粗,丰产性好。雌先型,早熟品种。壳面光滑,缝合线较窄而平,结合紧密。横隔膜质,易取整仁。出仁率58%,核仁充实饱满,仁乳黄色,风味佳。

该品种适应性强,特丰产,品质优良,核壳较薄,不耐挤压,贮藏运输时应注意包装。适宜密植栽培。

## 五、中核短枝

由中国农业科学院郑州果树研究所选育而成。树势中庸,树姿较开张,分枝力强,枝条节间短而粗,丰产性好。属雌先型,9月中旬成熟。结果枝属短枝型,每果枝平均坐果率2.64个。坚果圆形,外形美观,平均单果重15.3 g。壳面光滑,易取整仁。出仁率63.8%,核仁充实饱满,仁乳黄色,风味佳。

该品种适应性强,特丰产,品质优良,结果早,产量高,一级苗栽后当年结果。适宜密植栽培。

## 六、绿波

由河南省林业科学研究院选出,为新疆早实核桃实生后代。坚果卵圆形,果基圆,果顶尖,平均坚果重11.0 g。壳面较光滑,有小麻点,色浅,缝合线较窄而凸,结合紧密,壳厚1.0 mm,可取整仁。核仁充实饱满,浅黄色,味香而不涩,出仁率59%左右。树势强,树姿开张,分枝力中等。芽近圆形,无芽座,侧生混合芽比率80%以上,坐果率69%,多双果,雌先型品种。嫁接后第二年开始开花并少量结果,第三年开始有雄花。河南3月下旬发芽,4月上旬雌花盛开,4月中下旬雄花散粉。8月底坚果成熟。较抗冻、耐旱,抗枝干溃疡病和果实炭疽病、黑斑病。

## 七、清香

产自日本,由日本清水直江从核桃的实生群体中选育而成。树势中庸,树姿半开张。幼树期生长较旺,结果后树势稳定。属雄先型,晚熟品种。连续结果能力强,坐果率在85%以上。坚果椭圆形,外形美观,平均单果重14.3 g。出仁率为53%左右,仁饱满,色浅黄,风味香甜,无涩味。

该品种果型大而美观，核仁品质好，丰产性强。抗旱、耐瘠薄，对土壤要求不严。适宜在岗丘瘠地栽植；否则，树体营养生长过旺，影响结果。对炭疽病、黑斑病抵抗力较强。适宜在河南省发展。

## 第五节　组装配套技术

### 一、育苗

#### （一）砧木苗培育

1. 采种

应从生长健壮、无病虫害、种仁饱满的壮龄树上采集种子。采购的种子要选择采收较晚、种仁充实新鲜、无霉变、无虫蛀的当年新核桃作种子。

2. 种子处理

秋季播种不需要进行种子处理，可直接播种。春季播种简便可行的方法是冷水浸种，用冷水浸泡核桃种子 7 ~ 10 天，每天换一次水，有条件的可将盛有核桃种子的麻袋放在流水中，使其吸水膨胀，裂口后即可播种。对仍不能裂口的可将其拣出，置于阳光下暴晒，当大多数种子裂口时对这部分种子进行播种。

3. 苗圃地选择

应选择地势平坦、土壤肥沃、土质疏松、背风向阳、排水良好、有排灌条件且交通方便的地方。不宜在重黏土、沙土或盐碱地上育苗，更不能选择重茬地育苗，也不宜选择地下水位 1 m 以上的地方作为苗圃地。

4. 整地

对育苗地进行细致整地，施入基肥，土壤深翻耕作，深耕 20 ~ 30 cm。春播前再浅耕一次，然后深耕 15 ~ 20 cm，耕后耙平。

5. 播种

播种时间：春季播种宜在土壤化冻之后进行，一般在 3 月上旬至 4 月初进行。秋季播种一般在核桃采收至土壤结冻前进行，多在 10 月下旬至 11 月下旬。

播种方法：由于核桃种子较大，一般采用条沟点播。播种前先做成 80 cm 宽的高床，每床播 2 行，行距 30 ~ 40 cm，株距 10 ~ 15 cm，以便于嫁接时操作。由于北方春季多干旱缺水，播种时可在播种沟内顺沟灌水，待水渗下后再播种。播种时种子的放置方法是种子缝合线与地面垂直，种尖向一侧摆放，这样胚根垂直向下生长，胚芽直接向上生长，苗木根颈部平滑、生长势强，春播的一般覆土较浅，可覆盖 5 cm。

春季播种的，播后应覆盖地膜保墒，注意观察，待核桃苗出土时将塑料薄膜全部去掉，或者不去掉地膜，对已出苗的，把苗子处的地膜抠破，将苗木取出，再用土压实苗孔周围。不覆盖地膜的，必须保证核桃种子所处位置墒情较好。

6. 苗期管理

当苗木大量出土时，应及时检查出苗情况，如发现缺苗现象，应及时补苗，以保证单位面积苗木株数。核桃苗木出齐前不需要灌水，以免造成土壤板结。当苗木出齐后，为促进苗木生长,应及时灌水。幼苗期要中耕除草,前期中耕深度浅些,一般为 2 ~4 cm,后期可逐步加深到 8 ~10 cm,以保持地表疏松、无杂草。枝条长到 30 cm 时摘心,及时除去下部萌发的枝条,以形成光滑的嫁接部位。根据土壤墒情,在嫁接前 3 ~5 天,对圃地浇 1 次透水。

**(二)嫁接苗的培育**

1. 接穗的培育和采集

首先选择适于当地发展的优良品种,最好建立专门的母本园或品种园。母株应选择品种纯正、生长健壮、丰产稳产、无病虫害的成年植株。对采种母树要重点管护。发芽后,根据枝条萌发情况和枝组分布,做一次复剪,及时疏除过密枝、徒长枝、交叉枝、病虫危害枝和花。在枝条旺盛生长期,结合浇水,追施 1 次氮: 磷: 钾为2: 1: 1的复合肥,施肥量为每亩 100 kg。确定嫁接日期后,提前 4 ~5 天确定穗枝并摘心。接穗应在母株树冠外围中上部选择生长健壮、发育充实、髓心较小、粗壮光滑、无病虫害、粗度 1 ~1. 5 cm、手掐离皮的发育枝。细弱枝、徒长枝不能作接穗。采下接穗后,立即剪去叶片(仅留一小段叶柄)和枝条上部生长不充实的梢端以减少水分蒸发,然后根据粗度每 20 根或 30 根为一捆,标明品种,用湿布包好置于潮湿阴凉处。

2. 嫁接时间

伤流现象是影响核桃嫁接成活的重要原因。核桃树在进入旺盛生长期后伤流少,形成层活跃,有利于伤口愈合。芽接多在新梢加粗生长旺期进行。核桃形成愈伤组织的适宜温度为 25 ~28 ℃,低于 15 ℃或高于 35 ℃,均不利于愈伤组织的形成。15 ~25 ℃时愈伤组织形成较慢,28 ~35 ℃时愈伤组织形成速度较快,但持续时间较短,愈伤组织形成量也较少。河南省核桃的大方块芽接宜在 6 月上旬到 7 月上旬进行。

3. 嫁接方法

目前常用的嫁接方法为大方块芽接。在砧木距地面 30 cm 以下,选一光滑处用特制的双刃芽接刀横向划切 1.5 ~2 cm,深达木质部。从左侧边缘处纵切一刀,深达木质部并连接上下刀口,挑起皮层将其撕下。在切口右下角用手向下撕一缺口,以利排水。选取与砧木粗细相当的接穗,并在成熟的饱满芽处用双刃刀取芽(芽体居中),深达木质部,宽度略小于砧木切口。在左侧纵切一刀,深达本质部并连接上下刀口,最后用拇指和食指捏住叶柄基部向右侧稍用力将芽片撕下,芽片内面凹陷处需带一点木质部(称为生长点)。内面发黄变褐的芽片不能用。取下芽片后,迅速将芽片嵌入砧木的切口,用 2 ~3 cm 宽的塑料条从下往上将芽片缠紧(芽基和叶柄部都要绑牢,防止芽片翘空),芽和叶柄露在外面,不可将伤流口下端包严。

核桃枝芽内单宁含量高,遇空气易产生黑色隔离层,影响接口愈伤组织的形成。因此,嫁接时要求技术熟练,动作迅速,刀具锋利。快割、快接、快绑,以提高嫁接成活率。芽接后,在接芽上留一完整且健壮的复叶,剪去砧梢,并分散接芽伤口之伤流,以利于成活。

4. 接后管理

抹除萌蘖。嫁接后砧木上易萌发大量蘖芽,为减少养分、水分消耗,促进接芽生长,提高嫁接成活率,应及时抹除萌蘖。

检查成活。嫁接后 10 ~15 天(若遇阴雨天,或气温偏低,时间会更长一些),检查是否成活。凡接芽新鲜,叶柄一触即落者为已成活。未成活的应及时补接。

剪砧解膜。当年初夏嫁接,当年出圃的苗木,待新梢长至 10 ~15 cm 时,可将塑料条解除，并在接口以上2 cm处剪砧。

新梢摘心。9月中旬（霜降前1个月），对新梢摘心，促进枝条充实，使枝条顺利过冬。

肥水管理。苗木生长期，加强肥水管理，及时中耕除草，促进苗木生长。新梢生长期，要及时防治食叶害虫为害。9月后控制氮肥和灌水。

## 二、造林

### （一）园址选择

园址最好选择平地和缓坡地，要求至少有1 m以上的土层，地下水位距地表2 m以上。应选择深厚、疏松、肥沃的土壤，一般坡度在20°以下。坡向以开阔向阳为好，一般不宜栽在阴坡。

### （二）整地

平地和缓坡地或梯田地可提前半年至一年深翻、深挖，促使土壤熟化。坡地应及时修成梯田，挖栽植穴，通过蓄积雨水、风化土壤，增加土壤肥力。

### （三）栽植方式与密度

栽植方式主要有长方形栽植、正方形栽植和三角形栽植三种。密度应根据品种特性、土壤肥瘠、地势、栽植方式、树形以及管理水平等因素，综合权衡后确定，一般山坡地比平地栽植密，瘠薄地比肥沃地栽植密，管理水平高的可以适当密植。立地条件较好，管理水平较高的，株行距5 m×6 m或6 m×7 m等，一般山坡地4 m×5 m、4 m×6 m等。

### （四）品种选择与授粉树配置

目前，通过国家级、省级鉴定的核桃优良品种分早实型和晚实型两种类型。早实型核桃一般结果早、丰产性强，嫁接后2～3年即可挂果，早期产量高，适于矮化密植，但有的品种抗病性、抗逆性较差，适宜在肥水充足、管理良好的条件下栽培。晚实型品种早期丰产性相对较差，嫁接后4～5年挂果，但树势强壮，经济寿命长，较耐干旱，可在立地条件较差、管理粗放的地方种植。

核桃属雌雄同株异花果树，雌雄花常不能同时开放。花期不遇常造成授粉不良，严重影响坐果率和产量。因此，在建核桃园时应选择与主栽培品种相适宜的授粉品种，要求授粉品种的雄花盛期同主栽品种的雌花盛期一致，如早实品种薄丰和中林3号、香玲和中林5号、中林1号和辽核1号、鲁光和薄壳香等。主栽品种与授粉品种的比例为（3～5）∶1，可按3～5行主栽品种、1行授粉品种配置，便于分品种管理和采收。

### （五）栽植时期

核桃树栽植的适宜时期应根据当地的气候特点而定。秋季栽植一般在秋季落叶后到结冻前进行。春季栽植一般在解冻后至萌芽前进行。春季干旱地区宜秋季栽植。

### （六）苗木准备

1～2年生良种嫁接苗栽植成活率较高。其标准是苗高60 cm以上，地径1.2 cm以上，主根长保留20 cm以上，侧根15条以上，且要求接口愈合良好、充实、健壮，无病虫害。若是长途调苗，要经严格的病虫检疫和进行保湿包装。如果没有成品嫁接苗而急需建园，可先用2年生以上实生大苗按设计密度先定砧苗，待成活2～4年后，采用拟选品种接穗，一次改接成园。

### （七）栽植

苗木最好随起随栽。栽植苗最好用 80～100 mg/kg 的生根粉液或高分子吸水剂蘸根，且要将因起苗造成的伤口修齐。

按照核桃园规划设计好的株行距，先用测绳测量，点上石灰水作定植点标记，然后挖穴。挖穴时要把表土和心土分开放于穴的两边，穴的大小要根据土壤情况而定，土壤肥沃、疏松，则根系容易生长，穴 0.8 m 见方；土质黏重或下层为石砾、不透水层、瘠薄的地方，根系不易扩展，应加大穴的规格，并采用客土、填草或填表皮土等措施来改良土壤，为根系生长发育创造良好的条件。

栽植前先将每穴的表土与 20～50 kg 厩肥或堆肥和 2～3 kg 磷肥充分混合，取其一半填入穴内（或穴底每穴压入秸秆 5 kg，再施入农家肥），然后按品种配置设计将苗木放入穴内，将另一半掺入肥土分层填入穴中。每填一层土都要踏实，以减少灌水后的下沉幅度。边填土边将苗木稍稍上下提动，以使土落入根系缝隙中，根系充分伸展与土壤接触，最后填入心土至接近地面。填土的高度以苗木根颈高于地面约 5 cm 为宜，并在穴四周修土埂。栽后立即灌透水，土壤下沉后要求根颈与地面平齐，用细土覆盖以防止水分蒸发。有条件的地区最好在栽后 7 天再灌 1 次水，以后视墒情和实际条件决定灌水次数。

### （八）栽植后管理

栽植后在树干周围堆成丘状土堆，或覆 1 $m^2$ 的地膜保湿，周边用土压实，不透气，以保持土壤湿度。在干旱地区，覆地膜可有效提高苗木的成活率。要经常检查土壤湿度，干旱时应及时浇水。北方寒冷地区秋栽时，可在入冬前在树干上包扎稻草，或在苗木基部培土防寒，或将苗木弓形压倒埋土防寒。

春季苗木发芽展叶后，应对造林成活情况进行检查，找出死亡原因，及时补栽。生长季节要加强新栽苗木的管理，少量多次施肥、灌水、中耕除草，抹除砧木上的芽，及时进行病虫害防治等工作。

## 三、土肥水管理

### （一）土壤管理

主要内容是深翻改土，刨树盘，除草等。行间内侧深翻，时间以果实采收后至落叶前为宜，深度为 50～80 cm，每年或隔年结合施入基肥、秸秆，分层将基肥、秸秆埋入沟内。应尽量避免切断 1 cm 以上粗的根。在土壤条件好或不宜深翻的地方，秋末以树干为中心，刨 1 次树盘，离树干 2～3 m 范围内进行浅翻，深度为 20～30 cm，以疏松土壤。

对山地梯田或坡地核桃树，为防止水土流失，须修筑水土保持工程；梯田栽植的，要垒石堰、培地埂，或种草、种绿肥保持水土；缓坡地可修成复式梯田或修成大鱼鳞坑。

### （二）中耕除草

生长季每年对树盘进行中耕除草 4～5 次，以便通气保墒。有条件的地方，在核桃园使用化学除草剂进行化学除草，如百草枯、杂草油、果尔、草甘膦等。1 年喷洒 2 次，5～6 月 1 次，消灭杂草，以保障核桃树正常生长；8～9 月 1 次，清除杂草，有利于核桃树正常生长，还便于采收果实。在劳力条件允许的情况下，每年进行 2 次人工除草，以清除杂草，疏松土壤，保证核桃树正常的水分和养分供应。

## (三)施肥

### 1. 施肥量

一般来说,幼树应以施氮肥为主,成年树则应在施氮肥的同时,增施磷肥和钾肥。

幼龄期:营养生长旺盛,主干生长迅速,骨干枝生长较强,生殖生长尚未开始。此期每株年平均施氮 50~100 g、磷 20~40 g、钾 20~40 g、有机肥 5 kg。

结果初期:营养生长开始缓慢,生殖生长迅速增强,相应磷、钾肥的用量增大。此期每株年施入氮 200~400 g、磷 100~200 g、钾 100~200 g、有机肥 20 kg。

盛果期:此期时间较长,营养生长和生殖生长相对平衡,树冠和根系达到最大程度,枝条开始出现更新现象,此期需加强综合管理,科学施肥灌水,以延长结果盛期,取得明显效益。这一时期要加大磷、钾肥的施入量,每株年施入氮 600~1 200 g、磷 400~800 g、钾 400~800 g、有机肥 50 kg,氮、磷、钾的比例为 3:2:2。随着树龄的增大,可适当加大磷、钾肥的施入量。

### 2. 施肥时期

在花期前适当施肥,既可满足树体对肥料的需求,又可减轻生理落果,同时可缓解幼果与新梢生长竞争养分的矛盾。开花后,果实和新枝的生长仍需要大量的氮、磷、钾肥,尤其是磷、钾肥,因此需注意补充肥料。

### 3. 施肥方法

目前,核桃施肥主要是施基肥,以利于根系的直接吸收,改善土壤结构、理化性质等。为早结果、多结果,要进行追肥。追肥常用的施肥方法有以下几种:

全园撒施肥:在耕地上种植的核桃一般采用这种方法。间种作物收割后,在翻耕土地前撒一次农家肥,或再加适量磷肥和复合肥,然后翻耕土地将肥料掩埋于耕作土下。

放射状施肥:以树冠投影边缘为准,向树干方向从不同方位挖 4~8 条放射状的施肥沟,通常沟长 1~2 m,沟宽 30~60 cm,深度依施肥种类及数量而定,一般为 20~30 cm,沟的深度由内向外逐渐加深,宽度由内向外逐渐加宽。每年施肥沟的位置要变换方位,并随着树冠的扩大而外移。此法多用于 5 年生以上的大树。

环状施肥:常用于 4 年生以下的幼树。在树干周围,沿着树冠的外缘,挖 1 条深 30~40 cm、宽 40~50 cm 的环状施肥沟,将肥料均匀施于沟内埋好。施肥沟的位置应随树冠的扩大逐年向外扩展。此法也可用于大树施基肥。

条状沟施肥:于行间和株间,分别在树冠相对的两侧,沿树冠投影边缘挖相对平行的 2 条沟,从树冠外缘向内挖,沟宽 40~50 cm,长度视树冠大小而定。

穴状施肥:在树冠投影范围内,开挖若干个(数量和大小根据树冠大小而定)小穴,将肥料埋入。该种方法一般用于追肥。

## (四)水分管理

年降水量为 600~800 mm 且分布比较均匀的地区,基本上可以满足核桃生长发育对水分的要求,不需要灌水。具体灌水时间和次数应根据当地气候、土壤和水源条件而定。一般在以下 3 个时期需要灌水:萌芽前后(3~4 月)、开花后至花芽分化前(5~6 月)和采收后(10 月末 11 月初落叶前)。灌水可结合施肥进行。

## 四、树体管理

核桃在幼树阶段生长很快，如任其自由发展，则不易形成良好的丰产树形结构，尤其是早实核桃，因其分枝力强、结果早，易抽发二次枝，造成树形紊乱，不利于正常的生长与结果。因此，合理地进行整形和修剪，对保证幼树健壮成长、促进早果丰产和稳产具有重要意义。

### (一)定干

定干的高低与树高、栽培管理方式和间作等关系密切，因此应根据品种特点、土层厚度、肥力高低、间作模式等，因地因树而定。如早实核桃结果早，树体较小，主干可矮些，干高可留0.8～1.2 m。晚实核桃结果晚，树体高大，主干可适当高些，干高可留1.5～2 m。山地核桃因土壤薄、肥力差，干高以1～1.2 m为宜。

### (二)整形

目前，我国核桃树树形主要有疏散分层形和自然开心形两种。

疏散分层形：该树形有明显的中心领导干，一般有6～7个主枝，分2～3层螺旋形着生在中心领导干上，形成半圆形或圆锥形树冠。其特点是：树冠半圆形，通风透光良好，主枝和主干结合牢固，枝条多，结果部位多，负载量大，产量高，寿命长。但盛果期后树冠易郁闭，内膛易光秃，产量下降。该树形适于生长在条件较好的地方和干形强的稀植树。

自然开心形：该树形无中央领导干，一般有2～4个主枝。其特点是成形快，结果早，各级骨干枝安排较灵活，整形容易，便于掌握。幼树树形较直立，进入结果期后逐渐开张，通风透光好，易管理。该树形适于在土层较薄、土质较差、肥水条件不良地区栽植的核桃树和树姿开张的早实品种。

### (三)修剪

#### 1. 幼树修剪

核桃在休眠期修剪有伤流，这有别于其他果树。近年来研究发现，在提倡核桃休眠期修剪的同时，应尽可能延期进行，根据实际工作量，以萌芽前结束修剪工作为宜。

核桃幼树修剪是在整形基础上，继续选留和培养结果枝与结果枝组，并及时剪除一些无用枝，这是培养和维持丰产树形的重要技术措施。此期应充分利用顶端优势，采用高截、低留的定干整形法，即达到定干高度时剪截，低时留下顶芽。达到定干高度时采用破顶芽或短截手法，促使幼树多发枝，加快分枝级数，扩大营养面积。在5～6年内选留出各级主侧枝，尽快形成骨架，为丰产打下坚实的基础，达到早成形、早结果的目的。

许多晚实类的核桃新梢顶芽肥大，优势很强，萌生侧枝及短枝力弱，可在夏季新梢长至60～80 cm时摘心，促发2～3个侧枝。这样可加强幼树整形效果，提早成形。

#### 2. 结果初期的修剪

结果初期的核桃树，树形已基本形成，产量逐渐增加。该时期核桃树的主要修剪任务是：继续培养主、侧枝，充分利用辅养枝早期结果，积极培养结果枝组，尽量扩大结果部位。其修剪原则是：去强留弱，先放后缩，放缩结合，防止结果部位外移。此期树体结构初步形成，应保持树势平衡，疏除改造直立向上的徒长枝，疏除外围的密集枝及节间长的无效枝，保留充足的有效枝量(粗、短、壮)，控制强枝向缓势发展(夏季拿、拉、换头)，充分利用一切可以利用的结果枝(包括下垂枝)，达到早结果、早丰产的目的。

3. 盛果期的修剪

盛果期的核桃树，树冠大部分接近郁闭或已郁闭，外围枝量逐渐增多，且大部分成为结果枝，并由于光照不良，部分小枝干枯，主枝后部出现光秃带，结果部位外移，易出现隔年结果现象。由于结果量大，容易造成树体营养分配失调，形成大小年，甚至有的树由于结果太多，致使一些枝条枯死或树势衰弱，严重影响了核桃树的经济寿命。成年树修剪要根据具体品种、栽培方式和树体本身的生长发育情况灵活运用，做到因树修剪。

这个时期修剪的主要任务是：调整营养生长和生殖生长的关系，不断改善树冠内的通风透光条件，不断更新结果枝，以达到高产稳产的目的。其修剪要点是：疏病枝，透阳光；缩外围，促内膛；抬角度，节营养；养枝组，增产量。特别是要做好抬、留的科学运用，绝对不能一次处理下垂枝，要本着三抬一、五抬二的原则，下垂枝连续 3 年生的可疏去 1 年生枝，5 年生的缩至 2 年生处，留向上枝。

4. 衰老树的修剪

核桃树进入衰老期，外围枝条下垂，产生大量焦梢，同时萌发出大量的徒长枝，出现自然更新现象，产量也显著下降。为了延长结果年限，可进行更新复壮。其具体修剪方法：一是主干更新（大更新），将主枝全部锯掉，使其重新发枝，并形成主枝。二是主枝更新（中更新），在主枝的适当部位进行回缩，使其形成新的侧枝。三是侧枝更新（小更新），将一级侧枝在适当的部位进行回缩，使其形成新的二级侧枝。其优点是：新树冠形成和产量增加均较快。

## 五、花果管理

### （一）人工辅助授粉

核桃属异花授粉果树，风媒传粉，自然授粉坐果率较低。自然授粉受自然条件的限制，每年坐果情况差别很大。幼树最初几年只开雌花，3～4 年以后才出现雄花。有少数进入结果盛期的核桃园，缺乏授粉树，并存在雌雄异熟现象。花期不遇常造成授粉不良，严重影响坐果率和产量，零星栽种的核桃树更为严重。天气不好的年份，受不良气候因素影响，如低温、降雨、大风、霜冻等，雄花的散粉也会受到阻碍。为了保证丰产、稳产，必须进行人工辅助授粉，提高坐果率。据试验，在正常气候条件下，人工辅助授粉可提高坐果率 15%～30%。在雌花盛期进行人工辅助授粉，可提高坐果率 17.3%～19.1%，进行 2 次人工辅助授粉，其坐果率可提高 26%。

1. 采集花粉

从生长健壮的成年树上采集基部将要散粉（花序由绿变黄）或刚刚散粉的粗壮雄花序上的小花，放在干燥的室内或无阳光直射的地方晾干，温度保持在 20～25 ℃，经 1～2 天后待大部分雄花散粉时，筛出花粉。将花粉收集在指形管或小青霉素瓶中，盖严，置于 2～5 ℃的低温条件下备用。花粉生活力在常温下，可保持 5 天左右。在 3 ℃的冰箱中，可保持 20 天以上。瓶装花粉应适当透气，以防发霉而降低授粉效果。

2. 授粉适期

大部分雌花柱头开裂至 45°左右或呈“倒八字”形，柱头羽状突起分泌大量黏液，并具有一定光泽时，为雌花接受花粉的最佳时期。此时，正值雌花盛期，一般只有 2～3 天；雄先型植株的授粉期只有1～2天。同一株上雌花期早晚可相差7～15天。为提高坐果率，有条件的地方可进行2次授粉。授粉时间最好在每天上午9～10时进行，坐果率最高。

3. 授粉方法

采用的授粉方法可因品种不同而异。矮小的早实核桃幼树，将所采花粉与滑石粉以1:10的比例混合均匀，用喷粉器进行授粉，在树冠中上部喷布均匀。注意喷头要离开柱头30 cm以上。此法授粉速度快，但花粉用量大。另外，也可用新毛笔蘸少量花粉，轻轻点弹在柱头上。注意，不要直接往柱头上抹，以免授粉过量或损坏柱头，导致落果。授粉量不可太大，因核桃雌花对花粉过量敏感。

### （二）疏花疏果

1. 疏花

核桃一般雄花量大，大大超过授粉需要，因此要在早春进行疏花，以减少养分的过度消耗，雄花疏除量要在90%以上。疏除雄花芽可节省水分和养分用于雌花的发育，从而改善雌花发育过程中的营养条件，提高坐果率，增加产量。如果一株核桃树疏去90%的雄花芽，可节省水分50 kg左右，节约干物质1.1～1.2 kg。根据调查，雄花疏除量在80%～90%的树比不疏花的树坐果率提高30%以上。

2. 疏果

早实核桃树以侧花芽结实为主，雌花量较大，必须疏除过多的幼果。疏果时间一般在雌花受精后20～30天，即当子房发育到1～1.5 cm时进行为宜。疏果量应依树势状况和栽培条件而定，一般以1 $m^2$树冠投影面积保留60～100个果实为宜。疏果方法是先疏除细弱枝上的幼果，也可连同弱枝一同剪掉；每个花序有3个以上幼果时，视结果枝的强弱，可保留2～3个；坐果部位在冠内要分布均匀，郁闭内膛可多疏。疏果仅限于坐果率高的早实核桃品种。

## 六、主要病虫害防治

### （一）主要病害及防治

1. 炭疽病

果实受害后，皮上出现褐色至黑褐色圆形病斑，中央下陷，病部有黑色小点，有时呈轮状排列，湿度大时病斑小黑点处呈粉红色小突起。叶片感病后，病斑不规则，有的叶缘四周枯黄，或在主侧脉两侧呈长条形枯黄，严重时全叶枯黄脱落。

发病规律：病菌在病枝、叶痕、残留病果、芽鳞中越冬，成为次年初次侵染源。病菌借风、雨、昆虫传播。在适宜的条件下萌发，从伤口、自然孔口侵入。在25～28 ℃潜育期为3～7天。核桃炭疽病发病晚。

防治方法：

（1）加强管理，改善风光条件，增强树势。

（2）采收后结合修剪，清除病枝，将落叶集中深埋或烧毁。

（3）发芽前，喷一次3～5波美度石硫合剂。展叶前，喷1:0.5:200（硫酸铜:生石灰:水）波尔多液。生长季节用40%退菌特可湿性粉剂800倍与1:2:200波尔多液交替使用，或喷50%多菌灵可湿性粉剂1 000倍液，或75%百菌清600倍液。

2. 细菌性黑斑病(也称为核桃细菌性角斑病)

果实受害后,开始在果面出现黑褐色小斑点,后扩大成圆形或不规则形黑色病斑并下陷,外围有水渍状晕圈,由外向内腐烂,导致全果变黑、脱落。叶感病时,先在叶脉及叶脉分界处出现黑色小点,后扩大成近圆形或多角形黑褐色病斑,外缘有半透明状晕圈,雨水多时,叶面多呈水渍状近圆形病斑,叶背更明显;严重时,病斑扩大,叶皱缩、枯焦,病部中央呈灰色,有时穿孔并早落。如过于严重,会引起严重落叶、落果、新梢不成熟,落叶后造成二次萌发,影响树形和下年产量,并且树势衰弱。一般在5~8月发病,可反复多次侵染;病菌从皮孔入,一般在高温高湿的多雨季节发病严重。

防治方法:

(1)选用抗病品种。

(2)加强管理,结合修剪,及时清除病果、病枝、病叶,集中深埋或烧毁。加强通风透光,改善树体结构。

(3)药物防治与炭疽病防治方法基本相同,喷药时间略早一点。

**(二)主要虫害及防治**

1. 举肢蛾

初孵化幼虫乳白色,头部黄褐色,体背中间有紫红色斑点,腹足趾钩为单序环状。该虫在山西、陕西、河南、河北等核桃主产区发生相当普遍,危害特别严重。

为害特点:该虫以幼虫为害果实,幼虫蛀入果实后蛀孔现水珠,初期透明,后变为琥珀色。幼虫在表皮内纵横穿食为害,虫道内充满虫粪,一个果内幼虫可达数头。被害处果皮发黑,并逐渐凹陷、皱缩,使整个果皮全部变黑,皱缩变成黑核桃,有的果实呈片状或条状黑斑。核桃仁发育不良,表现干缩而黑,故又称为"核桃黑"。早期钻入硬壳内的部分幼虫可蛀种仁,有的蛀食果柄,破坏维管束组织,引起早期落果。有的被害果全部变黑,干缩在枝条上。

发生规律:在河南1年发生2代,以老熟幼虫在树冠下1~3 cm深的土内、石块与土壤间或树干基部皮缝内结茧越冬。第2年6月上旬至7月化蛹,6月下旬为化蛹盛期。6月下旬至7月上旬为羽化盛期。7月中旬开始咬穿果皮脱果入土结茧越冬。第二代幼虫蛀果时核壳已经硬化,主要在青果皮内为害,8月上旬至9月上旬脱果结茧越冬。一般深山区为害重,川边河谷地和浅山区为害轻,阴坡比阳坡为害重,沟里比沟外为害重,荒坡地比耕地为害重。5~6月干旱的年份发生较轻,成虫羽化期多雨潮湿的年份发生严重。

防治方法:

(1)树盘覆土2~4 cm,防止成虫出土。

(2)树下撒药。4月上旬结合树盘松土,喷洒25%辛硫磷微胶囊剂3 000倍液,或按每株用25%辛硫磷微胶囊剂25 g,拌土5~7.5 kg,均匀撒于树盘内杀越冬幼虫。

(3)摘果。在8月以前摘除被害果,捡拾落果,消灭当年幼虫,减小下一年虫口密度。

(4)树上喷药防治。6月中旬喷50%杀螟松1 000~1 500倍液,或喷2.5%溴氰菊酯3 000倍液,或用灭扫利6 000倍液喷洒树干与树冠,每10~15天喷1次,连喷2~3次,杀死羽化成虫、虫卵及初孵幼虫。将幼虫消灭在蛀果之前。

2. 木撩尺蠖

木撩尺蠖幼虫身体细长，行动时一屈一伸像个拱桥，休息时，身体能斜向伸直如枝状。木撩尺蠖又叫吊死鬼。各核桃产区均有发生，是一种杂食性害虫。幼虫咀食叶片。发生严重时，3～5天内能将叶片食光。

为害特点：主要以幼虫为害叶片，小幼虫将叶片吃成缺刻与孔洞，是一种暴食性害虫，发生量大时3～5天即可将叶片全部吃光而留下叶柄，群众又称其为“一扫光”。此虫发生密度大时可将大片果园叶片吃光，造成树势衰弱，核桃大量减产。

发生规律：在山西、河南、河北每年发生1代。以蛹隐藏石堰根、梯田石缝内，以及树干周围土内3 cm深处越冬，也有在杂草、碎石堆下越冬的。次年5月上旬羽化为成虫，7月中下旬为盛期，8月底为末期。7月上旬孵化出幼虫，幼虫爬行很快，并能吐丝下垂借风力转移为害。8月中旬老熟幼虫坠地上，少数幼虫顺树干下爬或吐丝下垂着地化蛹。5月降雨较多，成虫羽化率高，幼虫发生量大，为害严重。

防治方法：

（1）5～8月成虫羽化期，利用其趋光性，在晚上用黑光灯或堆火诱杀成虫。

（2）在虫蛹密度大的地方，在落叶后至土壤结冻前，春季解冻后至羽化前，发动群众挖蛹。

（3）在幼虫3龄以前，喷50%辛硫磷乳油1 000倍液，或25%亚胺硫磷乳油1 000倍液，或20%敌杀死乳油5 000～8 000倍液，或10%氯氰菊酯1 500～2 000倍液。

# 第二章 板 栗

## 第一节 树种特性及适生条件

### 一、生物学特性

板栗(*Castanea mollissima* Blume)别名栗子、毛栗,为壳斗科栗属落叶乔木。树皮灰色,具深沟;小枝着生短毛。单叶互生,叶披针形或长圆形,先端渐尖,基部圆形或楔形,叶缘有锯齿。背面被灰白色茸毛。花单性,雌雄同株,雄花序穗状,直立;雌花着生于花序基部,常3个子房生于1个总苞内,总苞密生针刺。5月开青黄色花。坚果9~10月间成熟,成熟后总苞裂开,栗果脱落。坚果紫褐色,被黄褐色茸毛,或近光滑,果肉淡黄。

板栗实生苗在栽植后,开始地上部分生长较慢,地下部分生长较快,随后地上部分生长加快。实生繁殖栗树6~7年开始开花结果,15~16年进入盛果期,嫁接苗栽植后3~4年即可开花结果,6~8年进入盛果期,在良好的管理条件下盛果期可维持50年以上。板栗为深根性树种,根系发达,根系的水平分布通常为树冠的2.5倍,85%以上的根系集中于树干外50~250 cm的范围内,20~60 cm土层中分布最多。板栗的花芽分化时间很长,从7月到下年的新梢生长初期都能分化。栗芽在鳞片形成之后,在芽内分化新梢,新梢在芽内的时期称为雏梢。当雏梢分化至5~7节时开始花芽的生理分化。雄花序在芽内的分化主要在6~8月,以后分化速度虽减缓,但在冬季休眠后仍有可能发生。雌花是芽经过冬季休眠后,在已分化的雄花序上发生,从3月上旬开始,结束休眠的芽继续发育,并不断分化出新的雄花序,条件适合时,这些雄花序的基部分化出雌花。雌花可授粉期大约为15天。板栗自花可孕,异花授粉可提高结实率。栗果的生长发育可分为受精期、胚形成期、胚乳吸收期、子叶增重期4个时期。从8月起为子叶增重期,约1个月,是干物质积累的主要时期,尤其是在成熟的前几天增重最快,因此必须在充分成熟后采收。

### 二、栽培情况

板栗广泛分布于我国各省,北自吉林,南到广东,东起台湾和沿海各省,西至内蒙古、甘肃、四川、云南、贵州等。以黄河流域华北各省和长江流域各省栽培最为集中,产量最大。从垂直分布来看,最低分布在海拔不到50 m的平原,最高分布在海拔高达2 800 m的地区。河南省板栗种植分布在27个县区,种植面积比较大的有罗山县、桐柏县、确山县、商城县、栾川县、新县、固始县、光山县、西峡县、南召县、泌阳县等县。

### 三、对立地条件、气候要求

#### (一)立地条件

板栗对土壤要求不严,适宜在土层深厚、排水良好、地下水位不高的沙壤土上生长,土壤腐殖质多有利于菌根生长。板栗既喜欢墒情潮湿的土壤,又怕雨涝的影响,如果雨量过多,土壤长期积水,极易影响根系尤其是菌根的生长。因此,在低洼易涝地区不宜发展栗园。板栗对土壤酸碱度较为敏感,适宜在 pH 值为 5 ~6 的微酸性土壤上生长,这是因为栗树是高锰植物,在酸性条件下,可以活化锰、钙等营养元素,有利于板栗的吸收和利用。在 pH 值为 7.5 以上的钙质土和盐碱土上均生长不良或不能生长。

#### (二)气候条件

板栗为喜光树种,尤其开花结果期间,光照不足易引起生理落果,如长期遮阴会使内膛树叶发黄,枝条细弱甚至枯死。其适宜的年平均气温为 10.5 ~21.8 ℃,绝对最低温度不低于 -24.5 ℃地区均可栽植。温度过高,冬眠不足,生长发育不良,气温过低则易遭受冻害。板栗对湿度的适应性较强,年降水量 500 ~2 000 mm 均可栽培。河南年平均气温、年降水量适宜栗树的生长发育。

## 第二节 发展现状与发展空间

### 一、发展现状

板栗是我国传统的农副产品,随着 2003 年之后全国各山区县市大力发展板栗产业,自 2006 年起,中国板栗产量以年 10% 左右的增幅逐年上升。我国板栗总产量占全球产量的 65% ~70%,板栗资源面积约 5 000 万亩,年产栗子近 100 万 t,国内主要产栗大省有河北、山东、湖北、安徽等省。国内板栗品种中,以燕山地区为主的京东板栗以其独特的风味、优良的品质等诸多优点,在国内外均享有很高的声誉。

河南板栗资源分布主要集中在大别山、桐柏山、伏牛山区,大别山、桐柏山区栽培品种以大板栗为主,新建栗园以豫罗红为主,果较大;伏牛山区以油栗为主,油栗品种较佳。河南省 2012 年板栗种植面积 144.6 万亩,结果面积 99.2 万亩,年产板栗 14.87 万 t 以上。虽然河南省的板栗已经形成了规模,但近年来受到价格低、单位产量不高等因素的影响,板栗产业进一步快速发展面临以下因素的制约:一是价格相对较低。板栗价格多年没有上涨,丰收年板栗的平均价格为 7 元/kg,歉收年平均价格为 10 元/kg,价格过低,抑制了板栗业的发展。二是品种良莠不齐,良种观念淡薄,产量低。板栗树还是沿用 20 世纪的老品种,产果量不仅要看“老天”脸色,而且要看“大”“小”年的脸色,单位面积产量低,果实品质差。三是建园标准低,管理粗放。板栗建园标准低,没有很好地整地、选用良种壮苗等,修剪、除草、施肥、病虫害防治等都需要大量劳动力,受板栗价钱低、产量不高的影响,农村青壮年劳力宁肯外出打工,也不愿意在家管理板栗,更不愿雇人管理,致使板栗管理得较差。四是病虫害危害严重,商品性能差。病虫害防治不到位,果品质量差,虽然板栗面积和产量近几年来迅速增加,但优质板栗少之又少。据统计,目前我国优质板栗果品率不足总产量的30%。五是缺乏贮藏加工技术。由于产品的包装、贮藏、加工技术滞后，增产不增收，不能形成产业链条，板栗潜在增值效益没得到充分发挥。消费结构的单一性和低效性及加工业滞后，制约着河南省板栗产业的发展。

针对存在的问题，下一步重点工作：一是加快良种繁育，建立示范基地。要加快河南省板栗良种繁育的步伐，积极采取良种繁育与基地造林相结合的方式，改劣换优，淘汰劣质品种，确保板栗产业的健康发展。二是加强果园管理，提高栗园的产量和效益。要调整品种结构，加大栗园管理力度，栽培管理标准化，操作规程具体化，提高经营规模和现代化生产管理水平，树立精品意识，使板栗产业走向规模化，产出达到高效化，真正成为农民脱贫致富的支柱产业。三是建立流通体系，大力开拓市场。目前，果农与市场分离，生产与销售脱节，中间环节增多，零售成本增加，产销信息不通，果农得不到合理的收入。因此，要帮助果农建立购销网络，如建立板栗集贸市场及批发市场，举办交易会、采摘节、名优特产品节等活动，提高河南板栗的知名度，形成稳定的购销渠道。四是树立名牌意识。果农要彻底摒弃产量就是效益的旧观念，树立质量、规模、名牌意识，只有生产出具有一定规模的优质产品，才能获得较大的经济效益。果农不仅要学会生产，而且要学会经营、销售。五是开展板栗贮藏、加工，拉长产业链条。延伸产业链条，把板栗从生产延伸到贮藏、加工和销售一体化，实现资源的综合利用，如板栗除鲜食外，还可制作饮料、罐头等保健品。为此，要大力发展板栗产品的采后分级、包装、果面包膜、贮藏，组建板栗产品贮藏、加工股份公司，培育龙头企业。

### 二、发展空间

板栗适应性强，抗旱耐瘠薄，可以在其他水果类果树不宜发展的地方栽培，不与粮、棉、油、菜争地，也不与发展水果冲突。各地可利用当地的山地等资源，充分挖掘山地、经济效益低劣的沙滩地等潜力，发展板栗生产，既可提高经济效益，又可绿化荒山、荒滩，改变生态环境。板栗具有良好的市场前景和较高的经济价值。板栗不仅营养价值高，而且耐贮藏运输，适合外销。由于具有很强的适应性，栽培管理相对容易，一年种，多年收，在果农中也非常受欢迎。

国内市场中国人均占有量不足0.21 kg，与日本人均0.65 kg、意大利人均1.25 kg等相比差距很大。目前我国平均亩产16.0～18.8 kg，日本栗园亩产200～250 kg，高产园350 kg。从国内人均占有量及目前我国平均亩产看，板栗有很大的提升空间。

## 第三节　经济性状、效益及市场前景

### 一、经济性状

#### （一）营养价值

板栗是一种营养价值较高的坚果食品，其组织成分中含有大量淀粉，还含有蛋白质、脂肪、B族维生素等多种营养素，素有“干果之王”的美称。板栗可替代粮食，与枣、柿子并称为“铁杆庄稼”“木本粮油”，同时它也是一种物美价廉、富有营养的滋补品。

果实营养丰富，味道可口，可鲜食、炒食、煮食或加工成各种点心，可以开发出糖炒板栗、板栗罐头、速冻板栗仁、板栗脯、板栗粉、板栗酱、板栗饮料、板栗酒等产品，是良好的副食品。板栗含淀粉68.0%～70.1%、糖分10%～20%、蛋白质5.7%～10.7%、脂肪2.0%～7.4%，还有多种维生素。板栗的蛋白质含量高于稻米，蛋白质中赖氨酸、异亮氨酸、蛋氨酸、半胱氨酸、苏氨酸、缬氨酸、苯丙氨酸、酪氨酸等氨基酸的含量超过FAO/WHO的标准，而赖氨酸是水稻、小麦、玉米和大豆类的第一限制性氨基酸，苏氨酸是水稻、小麦的第二限制性氨基酸，色氨酸和蛋氨酸分别是玉米和豆类的第二限制性氨基酸。由此可见，食用板栗可以补充禾谷类和豆类中限制性氨基酸的不足，有助于改良谷物和豆类的营养品质。

### （二）药用价值

板栗还具有较高的药用价值，中医认为，板栗味甘、性温、无毒，有养胃健脾、补肾强筋、活血止血之功能，并有益于高血压、冠心病的防治。在临床上，板栗还可以用于治疗反胃、泄泻、腰腿软弱、吐血、便血、痔疮等症。同时，板栗加上其他中药或食品原材料可以制成药膳，治疗气管炎、肾虚、消化不良、腹泻、中风等疾病。日本科学家研究发现，板栗中含有丰富的蛋白质，对人体有特殊的保护作用，能保持人体心血管壁的弹性，阻止动脉粥样硬化，减少皮下脂肪，防止肝肾中结缔组织萎缩，提高肌体的免疫能力。

### （三）生态、社会效益

发展板栗有利于开发荒山资源，使山区的自然资源得到充分开发利用，有利于优化自然环境，提高当地农民的收入。板栗的大面积种植，还起到绿化荒山，保持水土，涵养水源，美化、优化自然环境的作用，具有显著的生态效益、社会效益和经济效益。

### （四）其他价值

板栗木材坚硬，能耐水湿，可作为车船、枕木、桥梁、坑柱和家具用材，也可以做胶合板，是果材兼用的优良树种；树皮和壳斗还可提炼栲胶，叶、果皮、树皮均可入药。

## 二、效益

板栗的产量与板栗树的树龄和施肥管理水平有关。栽培优质品种、管理精细的果园，一般1～2年生的板栗苗定植后当年嫁接，嫁接后前4年属纯投入期，没有收益，第5～9年属初见效益期，挂果量逐年上升，第10年以后，进入盛果期，产量逐年略增，最后趋于稳定，产量达300 kg/亩，可延续上百年。按河南当地市场价8～10元/kg计算，每亩年收入2 400～3 000元。板栗树是永久性资产，种植板栗是造福子孙后代的好事。

## 三、市场前景

中国的板栗是世界上四大栗类中的上品，为我国特产之一，果、药兼用，也是目前果品创汇的拳头产品之一。据对国内外市场调查，2016年12月各地板栗市场价格一般为7～11元/kg，价格比较稳定。我国板栗主要出口日本、新加坡、菲律宾、泰国和东南亚一些国家，以出口日本为最多。国际市场每年的市场需求量很大，仅日本就需10万t，价格每吨1 000美元左右，我国出口量多年徘徊在3万t，远不能满足需要。我国香港市场对板栗的要求是甜、糯、香，市场上糖炒栗零售价每磅12元港币。最近，我国的速冻板栗和糖衣板栗出口日本试销成功,这是值得注意的新动向。由此我们可以从原料出口,进而发展到成品出口,加工增值,增加外汇收入。

## 第四节　适宜栽培品种

### 一、豫板栗1号(豫罗红栗)

由河南省林业科学研究院和罗山县林业局选育,2002年通过河南省林木良种审定委员会审定。

树体开张,树姿紧凑,新梢耐修剪,结果早,丰产、稳产,耐瘠薄,具有较强的抗旱能力,坚果出果率高,果实整齐鲜艳,皮薄,果肉淡黄色,甜脆、细腻、香味浓、有糯性。每100 g含可溶性糖17 g、淀粉58.4 g、含水量42.2%。抗病虫能力较强。

### 二、豫板栗2号(豫栗王)

由信阳市平桥区林业局选育,2000年通过河南省林木良种审定委员会审定。

果个大而均匀,光泽度好,糖、淀粉、蛋白质等干物质含量高,味香甜,抗病虫能力强,耐贮藏,加工品质好,具极丰产稳产等优良特性。

### 三、七月红

树冠自然圆头形,树势中强,树姿开张。树皮灰褐色,表皮有断续深纵裂纹,新梢灰白色。叶片长圆形,叶缘锯齿较长。每结果母枝抽生果枝1.4个,果枝连续结果能力强,每果枝着总苞1.6个,总苞大,近圆形,"十"字形开裂,针刺密而硬,多斜生,每苞内含坚果2~3粒。果中大,单果重9.6 g。坚果近圆形,果皮厚0.18 mm,红棕色,具明亮光泽,顶部稍具茸毛。种皮薄、棕黄色、易剥离,种仁饱满、黄白色,肉质脆甜而香,品质上等。在河南8月中旬成熟。丰产稳产,单株产量23 kg。特早熟,对栗实象鼻虫有较强抗性。

### 四、早丰

树势中庸,树冠为高圆头形,树高4.0 m。每结果母枝抽生果枝1.9个,每果枝着生总苞2.4个。总苞中厚,每苞含坚果2.8个,出实率40.1%。坚果扁圆形,大小整齐,褐色,茸毛较多,单果重7.6 g,果肉质地细腻,含糖量19.7%,味香甜。该品种适应性、抗逆性较强,早实丰产性强。嫁接后第2年结果,3~4年生每亩单产224 kg。

### 五、豫板栗3号(确红栗)

由确山县林业局选育,2000年通过河南省林木良种审定委员会审定。

果实尖顶,外观红色美观,具油质光泽。坚果重12.2~15.1 g,品质优良,蛋白质、糖含量高于国内其他优种,涩皮易剥。嫁接苗定植丰产园,3年生亩产板栗74.5 kg,5年生亩产板栗301.8 kg。

# 第五节　组装配套技术

## 一、育苗

### (一)种子的采集和处理

供播种用的种子(坚果)应从丰产、稳产、品质好、生长健壮、盛果期无病虫害的母树上采集。为降低成本,以种粒中等大小、迟熟品种为宜,早熟品种成熟期气温较高,贮藏较困难,一般不宜用作砧木。应选已完全成熟、有2~3个坚果、果实饱满的总苞作种用。当栗果完全成熟后,刺苞开裂,果实自然脱落,从地面拣拾栗果,取出种子。

板栗种子怕干、怕热、怕冻,种子粒选后,用40%福尔马林260倍液浸种15分钟,捞出用清水冲洗。或先用二硫化碳熏杀害虫,再用50%甲基托布津100倍液浸种5分钟,晾干后用清洁湿润的河沙层积贮藏。

催芽。选择排水良好的背风阴坡处挖沟贮藏,深80~100 cm,宽60~100 cm,长度依种子多少而定,在坑底铺5~10 cm湿沙,再将种子与湿沙以1:(3~5)的比例混匀后放入沟内,至距坑口20 cm止。播种量大可每1 m左右竖一捆10~15 cm粗的秸秆把,以利通气。种子放好后,再覆湿沙、细沙各10 cm,最后用土填平,培好土堆,以防积水。

### (二)整地播种

整地。选择地势平坦、肥沃、排水良好、灌水方便的沙壤土地块作为苗圃。秋冬进行深翻,每亩施入基肥2 000~3 000 kg、过磷酸钙200 kg,并每亩施入硫酸亚铁15 kg进行土壤消毒,犁后耙碎,打垄或做畦。

播种。播种多用条点播法,3月上旬至4月上旬,按30 cm左右行距开播种浅沟,15 cm左右株距点播,播种时种子应平放,发芽孔朝上或朝下均不宜。播后覆土约3 cm,稍压实后盖草淋水保湿,经15~20天发芽出土。

苗木管理。气候干旱时,开沟浇适量水。6月每亩施尿素或复合肥4~5 kg,结合浇水施入。汛期排水防涝。当苗高约35 cm时进行摘心,促进加粗生长,以利嫁接。8月下旬或9月上旬摘除秋梢,使枝芽充实。要求当年实生苗茎粗0.8 cm以上,苗高1 m以上,根系发达,每亩可出苗1万株以上。

### (三)苗木嫁接

1.接穗的选择和贮藏

接穗应选自丰产、品质优良、对板栗病虫害有明显抗性的母株,选取树冠外围中上部健壮充实、芽饱满、无病虫害的一年生生长枝和结果母枝,直径在0.3~0.8 cm,也可取用徒长枝上芽较饱满的枝段,或从嫁接苗上选取已木质化、芽饱满的枝条。接穗要在萌发前及早采回,窖内沙藏或用沙贮藏于阴凉的低温处保管,保持接穗新鲜和处于休眠状态。

2.嫁接方法

板栗枝条内有大量的单宁物质,嫁接不容易成活,所以要选择好时期,注意嫁接方法,以提高成活率。嫁接方法有皮下接、芽接、劈接、切接等。

1)皮下接(插皮接)

采用皮下接,应当在新梢展叶,树液充分流动之后,大约砧木萌发新梢20天后进行嫁接。在定植第二年或第三年的4月中旬至5月上旬嫁接,高接大树可延续到5月下旬。

将砧木在距地面10~20 cm处剪掉,剪口用刀削光削平。接穗下端削长3~4 cm马耳形斜面,背面左中右反削三刀呈剑头形小斜面,长0.2~0.3 cm,小面上部和大面对应部位用刀轻轻削去表皮,露出绿色嫩皮,接穗削好后含于口中待插,接穗上以有3~5个芽为好,不宜过长。用嫁接刀纵切剪好削平的砧木,深达木质部,轻轻撬开皮层,随即插入削好的接穗,大斜面向内紧靠木质部,斜面上部露白0.2~0.3 cm。直径2~3 cm的砧木可插2~3根接穗,高接大树接穗还可多插些。用塑料薄膜条绑扎时,砧穗贴合要紧密,砧木切开要全部包扎,芽眼略露。

2)子苗嫁接法

在种子萌发后,当第一片真叶即将展开,第二片真叶出现时,剪去子叶上部的嫩梢,在两子叶柄中间作垂直切口,接穗削成较薄的楔形,插入砧苗后用塑料薄膜条绑扎。此法成活率可高达80%左右,最大的优点是缩短砧苗培育时间1年以上,降低生产成本约60%,是快速繁育板栗良种苗的新途径。

#### (四)接后管理

皮下接,接穗成活后要及时除掉接口下砧木上的萌蘖,以免分散养分,影响愈合成活。当嫁接成活并愈合牢固后,要及时解除绑扎的薄膜条,并加强肥水管理及病虫害防治。接穗新梢长到30~40 cm时,及时进行摘心,对二次新梢留6~8片叶进行二次或多次摘心。在正常管理情况下,春接苗冬季落叶后即可出圃定植;秋接苗则需培育至次年冬才出圃,以保证苗木质量。

采用子苗嫁接,接苗移植后的管理要掌握“先促后控”的原则。在前期要保持苗床湿润,经常松土除草,苗高20 cm后,每隔10~15天喷施0.2%尿素或磷酸二氢钾水溶液1次,苗高35 cm时进行摘心。注意雨季排除积水,干旱时灌水抗旱。6月结合浇水,亩施尿素或复合肥4~5 kg。苗高60 cm时再次摘心,以促进苗木粗壮和木质化。一般当年苗木地径可达0.8 cm以上,可出圃定植。

### 二、造林

#### (一)园地选择

板栗园应选择地下水位较低、排水良好的沙质壤土。忌土壤盐碱、低湿易涝、风大的地方栽植。在丘陵岗地建栗园,应选择地势平缓、土层较厚的近山地区,以后逐步向条件较差的地区扩大发展。

#### (二)品种选择

品种选择应以当地选育的优良品种为主栽品种,如豫罗红栗、豫栗王、七月红、早丰、确红栗等品种。根据不同食用要求,应以炒栗品种为主,适当发展优良的菜栗品种,既要考虑到外贸出口,又要兼顾国内市场需求。同时做到早、中、晚品种合理搭配。

#### (三)合理配置授粉树

栗树主要靠风传播花粉,但由于栗树有雌雄花异熟和自花结实不良的现象,单一品种往往因授粉不良而产生空苞。所以,新建的栗园必须配置10%的授粉树。

**(四)合理密植**

合理密植是提高单位面积产量的基本措施。平原栗园以每亩30~40株为宜,山地栗园每亩以40~60株为宜。密植栗园每亩可栽60~111株,以后逐步进行隔行隔株间伐。

**(五)整地栽植**

平缓坡地可全面整地,坡地要修筑成水平梯地,坡度大的采取鱼鳞坑整地。秋栽适宜在土壤封冻前栽植,有水源灌溉条件的地区可以春栽。栽植前要施基肥,选用2~3年生、根系完整的大苗,栽时根颈露于地面,不要栽得过深。栽后灌水,再覆土封窝。

## 三、土肥水管理

**(一)深翻扩盘**

栗树为深根性果树,对土壤进行深耕改土,有利于根系生长,可使树体生长健壮,结果良好。新建的坡地栗园,应逐年深翻扩穴,力争在栽树后的三五年内全园扩穴完毕,以促进根系扩展。深翻以秋季为宜,此时正值发根高峰,断根后伤口愈合快,发根多。扩穴的基本方法是:在树冠周围挖宽30~50 cm、深1 m左右的带状沟,并施入有机质肥料。

**(二)中耕除草**

每年进行2~3次,在板栗生长期内,应于2~3月、6~7月和8~9月中耕除草,促进生长结果,“春刨树、夏刨花、秋季刨地栗个大”。

**(三)合理施肥**

1. 基肥

合理施肥是栗园丰产的重要基础。基肥应以土杂肥为主,以改良土壤,提高土壤的保肥保水能力,提供较全面的营养元素。一般成年果树株施有机肥50~100 kg,并配施适量的硼、磷、钾肥。施肥方法可采用条状沟、环状沟和放射状沟等。施用时间以采果后秋施为好,此时气温较高,肥料易腐熟;同时此时正值新根发生期,有利于吸收基肥,从而促进树体营养的积累,对来年雌花的分化有良好作用。

2. 追肥

追肥以速效氮肥为主,配合磷、钾肥,追肥时间是早春和夏季,春施一般初栽果树每株追施尿素0.3~0.5 kg,盛果期大树每株追施尿素2 kg。追肥后要结合浇水,充分发挥肥效。夏季追肥在7月下旬至8月中旬进行,这时施速效氮肥和磷肥可以促进果粒增大、果肉饱满,提高果实品质。根外追肥一年可进行多次,重点要搞好两次。第一次是早春枝条基部叶在刚开展并由黄变绿时,喷0.3%~0.5%尿素加0.3%~0.5%硼砂,其作用是促进叶的基本功能,增强光合作用,促进花的形成;第二次是采收前1个月和半个月间隔10~15天喷2次0.1%磷酸二氢钾,主要作用是提高光合效能,促进叶片等器官中营养物质向果实内转移,有明显增加单粒重的作用。结合中耕刨地施用速效氮肥2~3次。板栗空苞,是缺硼所致,可采取在秋冬环状施肥时施入硼砂0.5 kg,或是在花期喷施0.2%尿素、0.2%硼酸进行根外追肥。

**(四)灌水**

板栗较喜水。一般发芽前和果实迅速增长期各灌水一次,有利于果树正常生长发育和果实品质提高。

## 四、树体管理

### (一)板栗整形

整形修剪时期一般在冬季,树形主要有自然开心形、主干疏散分层形。一般多采用主干疏散分层形,能使树冠疏散,透气透光良好,有利于树体生长和结实。整形时,定干高度0.8 m左右,主干枝继续延长,作中央领导枝,选三个主枝分枝角度为60°的壮枝作为第一层主枝,保持30 cm的层内距。随中央领导枝的生长,在距第一层主枝向上1 m外选2个和第一层错开的分枝作第二层主枝,在距第二层主枝向上0.6 m左右外选1~2个分枝作第三层主枝封顶。同时,在主枝上选留侧枝,第一层每一个主枝上各留3个,第二层各留2~3个,第三层各留1~2个。侧枝要上下交错,避免重叠。

### (二)板栗修剪

1. 幼树整形修剪

由于栗树枝梢顶部几个芽的发育比较充实饱满,节间短,又有顶端生长优势,所以容易发生三叉枝、四叉枝或轮生枝。整形时,应对这类枝及早抹芽疏枝,防止竞争枝的发生。对生长过旺的枝梢,夏季要及时摘心,或冬季于饱满芽以下短截,削弱其生长势,促使分枝以加速树冠的形成。对一般枝梢可不短截,利用顶芽枝向外延伸扩大树冠。定植后的前三年主要是完成整形。修剪宜轻,选留主枝、副主枝的同时,对其他非骨干枝,在不影响骨干枝生长的原则下,需保留,适当多留辅养枝。对扰乱树形,影响骨干枝生长者,予以疏剪去除。幼树修剪采用休眠期修剪与生长期摘心修剪相结合的方法。夏季当新梢长到30 cm时,留20~25 cm摘心,以后每当新梢长至30 cm时,反复摘心,促发分枝,并使树冠紧凑。冬季休眠期对主干延长枝和各主枝延长枝适当短截,促使分枝,选留培养副主枝。对密生的轮生枝、三叉枝、四叉枝,选留中等强壮的分枝,其余疏去。连续结果2年以上的幼树,树势渐趋缓和、粗壮,结果枝比例开始下降,此时修剪应由生长季摘心为主转向以冬季修剪为主。冬季修剪宜及时回缩更新冗长的结果枝组,疏除衰弱枝、交叉枝、病虫枝及部分强旺的顶生枝,改善内膛光照和通风条件。

2. 结果树的修剪

结果母枝的留量,如果按亩栽植60株,产量400 kg,每株产量6.7 kg,以每100个坚果为1 kg,每株栗树需结栗果670个,则每株需留结果母枝112个。实际生产上,结果母枝留量需按当地着果率情况作调整,使栗既有足够的结果单位,又有良好的通风透光条件。树冠外围生长健壮的一年生枝,大多为优良结果母枝,应保留,如过密,则疏剪其中较弱的枝。生长过旺的结果母枝应在其下方另留1~2个枝,培养结果母枝,既可增加产量,又可分散养分,缓和生长势。若母枝因连年结果而趋于衰弱,应予回缩修剪,并在下部培养新的结果母枝代替。凡在结果母枝附近的细弱枝,应及早疏除,使养分集中供应母枝,使其由弱变强。疏除病虫枝、交叉重叠枝。对一般弱枝或雄花枝,可短截或回缩,促使剪口芽或剪口下方的枝条转化成新结果母枝。

3. 冬剪和夏剪

冬剪从落叶后到翌年春季萌动前进行,它能促进栗树的长势和雌花形成。主要方法有短截、回缩、疏枝、缓放、拉枝和刻伤。夏剪主要指生长季节内的抹芽、摘心、除雄和疏枝,其作用是促进分枝,增加雌花,提高结实率和单粒重。

(1)短截:剪去一年生枝的一部分。短截可促进分枝,增强树势,使树冠紧凑,减少雄花,调整营养物质的分配。对旺树、旺枝可延迟修剪,等萌芽后进行短截。

(2)回缩:对多年生枝短截。多用于生长衰弱,结果部位外移,内膛光秃严重的多年生枝。

(3)疏枝:将对生枝、挡光枝和内膛的纤细枝从基部疏除。

(4)戴帽剪:在不同摘心次数的新梢轮痕附近进行冬季短截。在新梢轮痕上留2~4个小芽短截叫戴活帽剪,如处理得当,则帽上小芽和轮痕下大芽能抽生结果枝。在新梢轮痕上不留芽短截叫戴死帽剪,可使轮痕下大芽抽生结果枝。一般情况下,枝势不强的宜采用戴死帽剪,枝势强旺的宜采用戴活帽剪。

(5)缓放:缓放就是不剪。主要作用是分散营养,缓和树势。对旺树多采用缓放修剪。

(6)拉枝和刻伤:对树冠内未采用摘心的强旺辅养枝,于春季树液流动到芽开绽期间将其拉平,并在需要发芽部位的各芽子上方进行刻伤,使其抽生强旺枝,到冬季修剪时,再将缓放拉平的枝回缩到抽生强枝的部位上。

(7)摘心:当新梢生长到30 cm时,将新梢顶端摘除。主要用在旺枝上,目的是促生分枝,提早结果。每年摘心2~3次。初结果树的结果枝新梢长而旺,当果前梢长出后,留3~5个芽摘心。果前梢摘心后能形成3个左右健壮的分枝,提高结果枝发生比例,同时还能减缓结果部位外移。

(8)除雄:在枝上只留几根雄花序,将其余的摘除。其作用主要是节制营养,促进雌花形成和提高结实率。

## 五、花果管理

### (一)疏花疏果

疏花可直接用手摘除后生的小花、劣花,尽量保留先生的大花、好花,一般每个结果枝保留1~3个雌花为宜。疏果最好用疏果剪,每节间上留1个单苞。在疏花疏果时,要掌握树冠外围多留、内膛少留的原则。

### (二)授粉

人工辅助授粉,应选择品质优良、大粒、成熟期早、涩皮易剥的品种作授粉树。当一个枝上的雄花序或雄花序上大部分花簇的花药刚刚由青变黄时,在早晨5时前将采下的雄花序摊在玻璃或干净的白纸上,放于干燥无风处,每天翻动2次,将落下的花粉和花药装进干净的棕色瓶中备用。当一个总苞中的3个雌花的多裂性柱头完全伸出到反卷变黄时,用毛笔或带橡皮头的铅笔,蘸花粉点在反卷的柱头上。如树体高大蘸点不便,可采用纱布袋抖撒法或喷粉法,按1份花粉加5份山芋粉填充物配比而成。

## 六、采收与贮藏

### (一)采收

板栗采收方法有两种,即拾栗法和打栗法。拾栗法就是待栗充分成熟,自然落地后,人工拾栗实。为了便于拾栗子，在栗苞开裂前要清除地面杂草。采收时，先震一下树体，然后将落下的栗实、栗苞全部拣拾干净。一定要坚持每天早、晚拾一次，随拾随贮藏。拾栗法的好处是栗实饱满充实、产量高、品质好、耐藏性强。打栗法就是分散分批地将成熟的栗苞用竹竿轻轻打落，然后将栗苞、栗实拣拾干净。采用这种方法采收，一般2～3天打一次。打苞时，由树冠外围向内敲打小枝震落栗苞，以免损伤树枝和叶片。严禁一次将成熟度不同的栗苞全部打下。打落采收的栗苞应尽快进行"发汗"处理，因为当时气温较高，栗实含水量大，呼吸强度高，大量发热，如处理不及时，栗实容易霉烂。处理方法是选择背阴冷凉通风的地方，将栗苞薄薄摊开，厚度以20～30 cm为宜，每天泼水翻动，降温"发汗"处理2～3天后，进行人工脱粒。

#### (二)贮藏

栗实有三怕：一是怕热，二是怕干，三是怕冻。在常温条件下，栗实腐烂主要发生在采收后一个月时间里，此时称为危险期。采后2～3个月，栗实腐烂较少，则属安全期。因此，做好起运前的暂存或入窖贮藏前的存放，是防止栗实腐烂的关键。比较简便易行的暂存方法是，选择冷凉潮湿的地方，根据栗实的多少建一个相应大小的贮藏棚。棚顶用竹竿(木杆)搭梁，其上用苇席覆盖，四周用树枝或玉米、高粱秸秆围住，以防日晒和风干。棚内地面要整平，铺垫约10 cm厚的河沙，然后按1份栗实、3～5份沙的比例混合，将栗实堆放在上面，堆高30～40 cm，堆的四周覆盖湿沙10 cm。开始隔3～5天翻动一次，半月后隔5～7天翻动一次，每次翻动要将腐烂变质的栗实拣出。为了防止风干，还要注意洒水保湿。

### 七、主要病虫害防治

#### (一)主要病害及防治

1. 干枯病

干枯病又称栗疫病、栗胴枯病、栗烂皮病，为真菌性病害。病原菌多从伤口入侵，主要危害树干和枝条，初期不易发现，用小刀轻刮树皮，可见红褐色小斑点，斑点连成块状后，树皮表面凸起呈泡状，松软，皮层内部腐烂，流汁液，具酒味，渐干缩，后期病部略肿大呈纺锤形，树皮开裂或脱落，影响生长，重者枯死。干枯病由雨水、鸟和昆虫传播，主要由各种伤口入侵，尤以嫁接口为多。

防治方法：

(1)加强肥水管理，增强树势。

(2)剪除病枝，清除侵染源。

(3)避免人畜损伤枝干树皮，减少伤口。

(4)冬季树干涂白保护。

(5)于4月上旬和6月上中旬，刮去病斑树皮，各涂1次碳酸钠10倍液，治愈率可达96%。也可涂刷50%多菌灵，或50%托布津400～500倍液，或5波美度石硫合剂，或50%代森铵500倍液。刮削下来的树皮要集中烧毁。

2. 白粉病

白粉病为真菌性病害，主要危害苗木及幼树，被害株的嫩芽叶卷曲、发黄、枯焦、脱落，严重影响生长。受害嫩叶初期出现黄斑，叶面叶背呈白色粉状霉层，秋季在白粉层上出现许多针状、初黄褐色后变为黑褐色的小颗粒物，即病原菌的闭囊壳。病菌在落叶上越冬，于3～4月借气流传播侵染。

防治方法：

（1）冬季清除落叶并烧毁，减少病源。

（2）加强栽培管理，增强抗病能力。

（3）发病期间喷0.2～0.3波美度石硫合剂，或0.5∶1∶100～1∶1∶100的波尔多液，或50%退菌特1 000倍液。

3. 栗锈病

栗锈病为真菌性病害，主要危害幼苗，造成早期落叶。被害叶片于叶背上现黄色或褐色泡状斑的锈孢子堆，破裂后散出黄色的锈孢子。冬孢子堆为褐色，蜡质斑，不破裂。

防治方法：冬季清除落叶，减少病源。发病前期喷1∶1∶100的波尔多液。

**（二）主要虫害及防治**

1. 栗实象鼻虫

栗实象鼻虫成虫体型小，黑色或深褐色，长7～9 mm，喙细长。幼虫纺锤形，乳白色。幼虫吃食种仁，采收后约10天幼虫老熟，钻出栗果，作茧越冬。

防治方法：

（1）搞好栗园深翻改土，能消灭在土中越冬的幼虫。及时拾取落地虫果，集中深埋或烧毁，消灭其中的幼虫。还可以利用成虫的假死习性，在发生期震树，在虫落地后扑杀。

（2）熏蒸栗果。将新脱粒的栗实放在密闭条件下用药剂熏蒸。溴甲烷处理，每立方米栗果用药2.5～3.5 g，熏蒸24～48小时，或用二硫化碳30 mL处理20小时，杀死害虫；56%磷化铝片剂处理，每立方米栗实用药18 g，处理24小时。

（3）用温、热水浸杀幼虫。用50～55 ℃温水浸栗果15～30分钟，或90 ℃热水浸栗果10～30秒，杀虫率可达90%以上，也不影响发芽率。

2. 栗瘿蜂

栗瘿蜂也称栗瘤蜂，成虫头部和腹部黑褐色，触角丝状，褐色，胸部膨大，漆黑色，6～7月间产卵于芽内，幼虫在芽内生长、越冬。春季芽萌发抽生短枝，被害枝或叶柄等膨大成虫瘿（瘤），使枝叶枯死，树体衰弱，严重影响当年和次年的生长和结果。

防治方法：

（1）冬季结合修剪，剪除纤弱枝、病虫枝，并集中烧毁，以消灭越冬幼虫。

（2）剪除虫瘿。生长季，在新虫瘿形成期，及时剪除虫瘿，时间越早越好。

（3）保护天敌。保护栗瘿蜂的寄生蜂中华长尾小蜂。

（4）枝干涂药。在春季幼虫活动时，于4月上旬（栗芽发红膨大而未开放）对树枝干涂刷40%增效氧化乐果，利用药剂的内吸作用，杀死栗瘿蜂幼虫。

（5）化学防治。6月中旬至7月中旬栗瘿蜂成虫出瘿期喷20%甲氰菊酯乳油2 500～3 000倍液。

# 第三章 枣

## 第一节 树种特性及适生条件

### 一、生物学特性

枣(*Zizyphus jujube* Mill)属鼠李科枣属植物,落叶乔木,树高达6~12 m,寿命可达200年以上。树干为深灰色,片裂或龟裂。枣树的枝有枣头、永久性二次枝、枣股、枣吊等四种类型,它们是构成树冠的主体,是枣树生长、结果的基本单位。枣头一次枝、二次枝幼嫩时绿色,成熟后为黄褐色或紫褐色。枣股着生在"之"字形的枝上。枣吊绿色,纤细柔软,落叶后脱落。叶纸质,互生,绿色,排成两列,长圆状卵形,缘有细齿,三出脉。花为聚伞花序或单花,着生于枣吊叶腋间;萼片绿色,与花瓣、雄蕊同为5枚。枣花授粉受精后果实开始发育,果实发育可以分为迅速增长期、缓慢增长期和熟前增长期三个时期。核果红、紫红或紫褐色,有圆形、椭圆形、卵形、长圆形等。果实大小因品种而异。花期5~7月,果期6~11月。

### 二、自然分布情况

我国枣树分布极为广泛,分布范围在北纬23°~42.5°、东经76°~124°。除沈阳以北的东北寒冷地区和西藏外,枣树几乎遍及全国。分布和栽培地区的北缘从辽宁的葫芦岛、朝阳,经内蒙古的赤峰、宁城,河北的承德、张家口,沿内蒙古的呼和浩特到包头大青山的南麓,再经宁夏的灵武、中宁和甘肃河西走廊的临泽、敦煌,直到新疆的哈密、昌吉;枣树分布的最南端到广西的平南、广东的郁南等地;西缘则到新疆的喀什和泽普;而东缘为辽宁本溪以南的东部沿海各地。

枣树的垂直分布,在高纬度的东北地区、内蒙古及西北地区多分布在海拔200 m以下的丘陵、平原和河谷地带;在低纬度的云贵高原,枣树可分布在海拔1 000~2 000 m的山地丘陵上;而在华北、西北、华东及中南等枣的主要产区,枣树则多分布在海拔100~600 m的平原、丘陵地带。山东、河北、山西、陕西、新疆、河南是我国枣主产区,对全国枣的贡献率达90%以上。

### 三、对立地条件、气候要求

#### (一)立地条件

枣树对土壤的适应性强,不论沙土、黏土或盐碱地均能栽培。枣树对土壤酸碱度的适应性较广。地势对枣树的生长影响不大,无论是低洼盐碱地,还是山区丘陵地均能生长,高山地区也能栽培枣树。枣树对气候、土壤的适应性很强,土壤厚度30~60 cm以上,排水良好，pH 值 5.5～8.4，土表以下 5～40 cm 土层单一盐分，如氯化钠低于 0.15%，重碳酸钠低于 0.3%，硫酸钠低于 0.5% 的地区，都能栽种。

**（二）气候条件**

1. 温度

枣树分布的主要限制因素是温度条件。凡是冬季最低气温不低于 -31 ℃，花期日均温度稳定在 22～24 ℃ 以上，花后到秋季的日均温度下降到 16 ℃ 以前的果实期大于 100～120天的地区，均可生长。

枣树为喜温树种，其生长发育要求较高的温度。春季日均温度达 13～14 ℃时开始发芽，18～19 ℃时抽枝和花芽分化，20 ℃以上开花，花期适温 23～25 ℃，25 ℃以上果实生长发育，秋季气温降至 15 ℃以下时开始落叶。枣树在休眠期较耐寒。

2. 湿度

枣树对湿度的适应性较强，在降水量不足 100 mm 至 1 000 mm 以上的地区均有枣树栽培分布。在生育期对湿度的要求不同，花期湿度过低时影响坐果；果实发育后期至成熟期多雨时影响果实发育，易引起裂果和烂果。枣树根系的抗涝性较强。

3. 光照

枣树为喜光树种，一般枣树在树冠外围和阳面结果较多。如栽培过密或树冠郁闭时，影响发育，叶色浅，小而薄，花而不实。栽于峡谷的枣树，由于日照时间短，生长结果不良。

4. 风

枣树抗风力较强，在风蚀沙区埋干或露根的枣树均能正常生长，但在大风天气影响授粉受精，易导致落花落果。果实成熟前如遇 6 级以上大风，易造成熟前落果。枣树休眠期抗风性强。

## 第二节　发展现状与发展空间

### 一、发展现状

枣树原产于我国，是我国特有的经济树种，在我国具有 7 000 多年的栽培历史。在古代，枣就与桃、杏、李、栗一起被称为“五果”，时至今日仍是我国第一大干果。我国现有枣树栽种面积为 150 万 $hm^2$，年产鲜枣 200 多万 t。目前，我国拥有占世界 95% 以上的枣产量和 100% 的贸易额，是世界上唯一的大枣出口国。大枣是我国在国际市场上最具竞争力的果品，具有广阔的发展前景。

近年来，随着市场经济的发展和农村产业结构的不断调整，枣树作为河南省重要的经济树种，面积和产量得到快速发展，产业化进程进一步加快。枣产业主要集中在平原地区，少量分布在低山丘陵。栽培有间作和枣园两种方式。存在的问题：一是知识含量低，科技创新和具有自主知识产权的品种少，缺乏标准化生产的制约机制。二是产业化程度低，生产、加工、销售等关联性差，小生产与市场矛盾突出，运输、包装外观装潢技术落后，二次增值能力差。三是良种苗木生产管理不规范，销售缺乏监督和管理，调运秩序混乱。没有专项科研和开发资金，影响工作的进一步开展。

### 二、发展空间

枣具有适应性强、适应范围广、种植见效快、经济寿命长、经济效益好、果实营养价值高等特点，所以自古以来劳动人民就把枣称为“木本粮食”“铁杆庄稼”。近几年，在农业种植结构调整中，很多地方把枣作为优先发展的经济树种，枣树的种植面积不断扩大，产量逐年提高，我国的枣生产出现了前所未有的大好形势。河南省宜林面积大，适宜种植大枣的面积也大，种植前景看好，有一定的发展空间。

## 第三节　经济性状、效益及市场前景

### 一、经济性状

**（一）营养价值**

大枣又名红枣，蛋白质含量高，每 100 g 枣含蛋白质 120 mg 左右。含糖量也很高，鲜枣为 20% ~30%，干枣可高达 55% ~80%。每 100 g 枣含脂肪 20 mg 左右。大枣最大的特点是维生素的含量极高，每 100 g 鲜枣中维生素 C 含量为 380 ~600 mg，比苹果、桃等高 100 倍左右。所含维生素 P，比起公认含维生素 P 很多的柠檬还高 10 倍以上。

**（二）园林价值**

枣树枝梗劲拔，翠叶垂荫，果实累累。宜在庭院、路旁散植或成片栽植，亦是结合生产的好树种。其老根古干可作树桩盆景。果实生长发育期间，由小变大，由绿变白，然后变红，硕果累累，很是好看。

**（三）主要的蜜源植物**

枣树始花为 5 月下旬或 6 月上旬，花期长 25 ~30 天，为高温型蜜源植物，泌蜜适温 25 ~33 ℃。枣的幼树开花少，10 年生树始进入盛花期，20 ~50 年生树花朵密，泌蜜量大。正常年景每群蜂可产蜜 10 ~25 kg。枣树花期较长，芳香多蜜，为优良的蜜源植物。

**（四）加工价值**

枣的果实味甜，含有丰富的维生素 C、P，除供鲜食外，常可以制成蜜枣、红枣、熏枣、黑枣、酒枣及牙枣等蜜饯和果脯，还可以作枣泥、枣面、枣酒、枣醋等，为食品工业原料。

**（五）药用价值**

枣又供药用，有养胃、健脾、益血、滋补、强身之效，枣仁和根均可入药，枣仁可以安神，为重要药品之一。具有润心肺、止咳、补五脏、治虚损、和百药、除肠胃癖气的功效。枣能提高人体免疫力，并可抑制癌细胞。药理研究发现，红枣能促进白细胞的生成，降低血清胆固醇，提高血清白蛋白，保护肝脏，红枣中还含有抑制癌细胞，甚至可使癌细胞向正常细胞转化的物质；经常食用鲜枣的人很少患胆结石，这是因为鲜枣中丰富的维生素 C，使人体内多余的胆固醇转变为胆汁酸，胆固醇少了，结石形成的概率也就随之减小；枣中富含钙和铁，它们对防治骨质疏松、贫血有重要作用，中老年人更年期经常会骨质疏松，正在生长发育高峰的青少年和女性容易发生贫血，大枣对他们会有十分理想的食疗作用，其效果通常是药物不能比拟的；对病后体虚的人也有良好的滋补作用；枣中所含的芦丁，是一种能使血管软化,从而使血压降低的物质,对高血压病有防治功效;枣还具有抗过敏、除腥臭怪味、宁心安神、益智健脑、增强食欲等功效。

**(六)木材价值**

枣树木材坚硬致密,为制作器具和雕刻的优良用材。

## 二、效益

按照目前红枣种植收益计算,每亩干枣产量盛果期平均400 kg左右,市场价20~30元/kg,每亩干枣预计收益可达8 000元以上,是棉花、小麦收入的好几倍,经济效益十分显著。如果选择品种适当,栽培管理精细,枣树的产量还能进一步提高,盛果期亩产干枣800 kg。通过大枣种植,逐步形成大枣产业,人们的收入将大大增加,生活水平将较大地提高。

## 三、市场前景

根据国内红枣行业近些年的发展状况,未来红枣行业产品类别必然是以下三大类:一是免洗干枣;二是鲜食枣;三是红枣深加工产品。大果型鲜食枣是世界性未开发的高档名贵保健型果品,世界上绝大多数国家消费者,没看过、没吃过、没听说过中国鲜枣。目前,鲜枣在北京、上海、大连等大城市有售,价格喜人。鲜食枣无论是在国内市场还是国际市场销售前景都十分广阔。目前,干制红枣占红枣总产量的95%,红枣的深加工利用还处于初级阶段,且在加工过程中忽视了营养成分的保存。对红枣功能成分及其提取的研究较多,但市场上缺乏相应的保健产品。应对红枣进行深加工,使新产品逐渐展示出其明显的产品优势和广阔的市场前景,加快红枣产业的健康发展,使其在国际市场中稳占一席之地。

深加工是指将干制红枣中的初级枣和残次枣经过较复杂的加工或在其中加入一些辅助原料,经过某种工艺流程加工而成的产品。枣果的再加工,是红枣产业增值创汇的方向。一是红枣汁、浆和红枣粉。现在市场上出现了多种多样的红枣饮品,包括单纯以红枣为基料的饮品和红枣复合饮品。这类产品的加工技术已日趋成熟和完善。红枣浆和红枣粉均保持了红枣天然的营养成分,是上等的食品工业原料。二是红枣发酵产品:果酒和果醋。随着消费者绿色、天然、健康、时尚、享受意识的增强,高营养的发酵型红枣产品必将拥有广阔的市场前景,产生可观的经济效益,红枣发酵产品的开发更具有发展前景。三是红枣功能成分的提取。除了红枣的深加工外,由于红枣中富含特殊的营养功能成分,比如环磷酸腺苷以及高含量的红枣多糖和黄酮类化合物,因此可进一步对红枣进行精细加工,提取其中的功能因子,作为药物开发和使用,这方面也有广阔的市场和应用前景。

# 第四节　适宜栽培品种

枣在长期栽培过程中,经过人工选择和培育,形成了很多品种,按照用途可以划分为制干品种、鲜食品种、兼用品种和加工品种;按照果实形态和大小,分为长枣、圆枣和小枣三类。

## 一、桐柏大枣

桐柏大枣发现于河南桐柏，为当地的稀有品种。

果实近圆形，特大，纵径5.1 cm，横径5.0 cm。一般果重46 g，最大果重67 g。具有“7个1尺，10个1斤”的美誉。1983年10月在北京由专家审定，1995年9月荣获中国科技精品展览会金奖，1996年被国家林业部定为全国100项新成果推广项目。

桐柏大枣早实性好，嫁接苗定植后第二年平均株产可达2 kg，5年后即进入盛果期，盛果期树枣吊平均结果0.5个，平均株产10～25 kg。在产地4月上旬萌芽，5月上、中旬始花，9月上旬采收，果实生长期110天左右。

## 二、灰枣

树势较弱，树姿开张。果实中大，单果重9～12 g，长纺锤形。果面橙红色，果肉厚，质脆，品质上等。9月上、中旬成熟。耐贮运。

适应性强，耐瘠薄，耐盐碱，耐旱，抗风力均强，适于沙地栽培。丰产稳产，寿命长，但抗枣疯病能力较弱。

## 三、灵宝大枣

果实大，扁圆形，平均果重22.3 g，最大果重34 g，大小较均匀。制干率58%左右，适宜制干和制作无核糖枣，品质中上。干枣含总糖70.2%。干枣肉质松软，不耐挤压和贮运。果核较小，短梭形，核内含有种子，较饱满。

灵宝大枣适应性强，耐旱涝、瘠薄，抗霜力较弱，抗枣疯病能力较强。一般根蘖苗定植后5年开始结果，嫁接苗第二年少量结果。

## 四、鸡心枣

别名小枣。产于河南新郑、中牟等县市和郑州市郊，目前在新郑尚有400多年生的老树。

果实多数为椭圆形，少数为鸡心形或倒卵形。平均果重4.9 g，最大果重6.5 g，大小较整齐。果面平整。果皮较薄，紫红色。果点不明显。果肉绿白色，质地致密略脆，味甘甜，含可溶性固形物31%，可食率91.8%，适宜制干，制干率49.9%。鲜食风味不佳。干枣肉质较紧实，有弹性，耐压挤。果肉含总糖59.9%，不易吸潮，耐贮运，品质上等。

鸡心枣树定植后2～3年开始结果，15年左右进入盛果期，产量高而稳定。成熟期遇雨裂果较少，不易浆烂。对枣锈病敏感。在产地，4月下旬萌芽，6月初始花，9月下旬成熟采收，果实生长期100天左右。

## 五、淇县无核枣

别名空心枣，在河南淇县有100多年种植历史。

果实有圆筒形、圆锥形、弯圆筒形三种果形。平均果重6.5 g，最大果重10.5 g，大小不均匀。果核多数退化变薄变脆，形成不完整的薄膜。小枣果果核退化程度高，大枣果果核退化程度低。果皮薄,鲜红色,有光泽,富韧性。果点圆形,细小,分布较稀疏,不甚明显。果肉白色或黄白色,质地细腻,稍脆,汁液中多,味甚甜,鲜果含糖量为 31.3%,可食率 98% ~100%,鲜食品质中上。果实成熟后至半干可拉出糖丝 10 cm 左右。制干率 49.7%,干制红枣含总糖 77.8%,甜味鲜浓,无杂味,贮运性能优良,品质上等。

## 六、金丝小枣

金丝小枣原产于山东、河北,栽培历史在 2 500 年以上。因其果实晒至半干,掰开果肉,黏稠的果汁可拉成 6 ~7 cm 长缕缕金色细丝,故名。

金丝小枣果实较小,平均单果重 4 ~6 g。果形因株系而异,有圆形、长椭圆形、柱形、鸡心形、倒卵形、梨形等。果皮薄,鲜红色,光亮美观;果肉乳白色,质地致密细脆,汁液中等,味甘甜,微具酸味;鲜枣含可溶性固形物 34% ~36%,每 100 g 鲜枣含维生素 C 560 mg。制干率 54% ~56%。鲜食品质上等。红枣深红色,果形饱满,皮韧性强,耐压抗搓,耐贮运;肉质细,富弹性,含总糖 74% ~82%、酸 1.0% ~1.5%,味清甜,无杂味。品质极上。

## 七、沾化冬枣

又名冻枣、雁过红、果子枣、苹果枣、冰糖枣等。各地依据其果实成熟期、果形或果实品质命名。分布较广,山东德州、惠民、聊城、济南和河北黄骅、盐山等地都有分布,但多零星栽培。近年来山东沾化、河口,河北黄骅等地进行了较大规模的种植和产业化开发。

果实近圆形,平均单果重 12.4 g,最大果重 23.0 g,大小较整齐。果面平整光洁,似花红果。果皮薄而脆,白熟期绿色,后赭红色;果肉绿白色,细嫩多汁,甜味浓。白熟期可溶性固形物 27%,着色后 34% ~38%,完熟前高达 40% ~42%。可食率 96.9%。鲜枣采收期长。品质极上。果核小,短纺锤形,多数含饱满种子。

沾化冬枣树在原产地 4 月中旬萌芽,5 月下旬始花,6 月上中旬盛花,8 月上旬终花,花期达 80 天左右。9 月中旬果实进入白熟期,10 月上中旬脆熟,果实生育期 120 天以上。

## 八、新郑六月鲜

产于河南省新郑市,栽培数量不多,零星分布,多庭院“四旁”栽植。该品种系新郑当地品种,栽培历史悠久,目前尚有 400 年生的老树。

果实长圆形,平均果重 7.1 g,最大果重 10.5 g,大小较一致。果肩平,果面光滑,果皮橙红色。果肉乳白色,质地细脆,多汁,味甜略酸,含可溶性固形物 30.1%,可食率95.1%。品质上等,适于鲜食和制干,制干率 44.5%。

8 月下旬采收,果实生长期 80 天左右。树体中等偏小,树姿开张,树冠呈自然半圆形。40 ~50 年生树树高 4.8 m,冠径 4 ~5.0 m,干高 1.3 m。该品种适应性一般,产量中等。

## 九、新郑红枣 1 号

由新郑市枣树科学研究所选育,2006 年通过河南省林木良种审定委员会审定。

树势强壮,树姿开张,抽枝力和成枝力强,当年生枣头结果能力高。果形长卵形,整齐度好,果皮紫红色,有光泽,平均单果重 12.6 g,制干率 43.6%。耐干旱,抗盐碱,对土壤条件要求不严,抗枣缩果病、焦叶病和裂果病。丰产、稳产、早实,无明显大小年。成熟期9月中旬。

### 十、豫枣1号(无刺鸡心枣)

由河南省中牟县林业局选育,2000年通过河南省林木良种审定委员会审定。

树体无刺,方便枣园管理;生长健壮,树姿开张,生长量大,一般管理条件下,定植一年能萌发出5个以上的新枝,3年形成基本的树体骨架,4年达到丰产树形;早果、丰产,定植当年着花株数100%,结果株数30%,定植1年株产鲜枣0.5 kg,定植3~4年株产鲜枣5~20 kg;枣果个大、均匀,制干率高,早熟,平均单果重4.9 g,最大果重7.86 g,自然风干率为44%;营养丰富,市场潜力大,鲜枣含可溶性糖24.7%,维生素C 240 mg/kg,经济效益高;抗枣疯病;适应性强,在壤土、沙壤土、两合土地上生长结果良好,沙丘上栽培时,若加强肥水管理,也能正常生长结果、丰产;适合在不同土质的耕地上建丰产园或经济生态兼用林。

### 十一、豫枣2号(淇县无核枣)

由淇县林业局选育,2001年通过河南省林木良种审定委员会审定。

该品种果实长形,平均单果重6.5 g,最大果重10.5 g,果核退化,仅存少许半木栓化种核,果肉脆甜,鲜枣可溶性总糖达36%,适宜鲜食、制干,制干率达50%,丰产,耐干旱、瘠薄,适应性、抗病性强。

## 第五节　组装配套技术

### 一、育苗

枣树的繁殖方法较多,枣树苗主要有根蘖苗、归圃苗、嫁接苗、扦插苗、脱毒组培苗等5种类型。生产上多用分株和嫁接两种繁殖方法。

#### (一)分株法

利用枣树自身根蘖的特性,将其培养成单独植株的方法,称为分株法。此法优点是操作简单,成活率高,并可以保持母株的优良特性。缺点是育苗数量有限。

春季发芽前,选枣园内品种好、生长健壮的自根树,在距树干2~3 m处挖宽30~40 cm、深40~50 cm的长沟,将枣根切断,削平根断面,然后施入草木灰及厩肥湿土,5月即可发出根蘖。在苗木生长过程中,应间去过密弱株,留强壮苗,并施肥灌水。苗高1 m左右时,即可挖出移栽。

#### (二)嫁接法

过去在生产中多采用根蘖苗和归圃苗,在种植中多采用优良品种的嫁接苗。下面主要介绍嫁接苗的培育技术。

1.砧木和接穗的选择

酸枣做砧木,资源丰富,嫁接易成活,结果早,较丰产,并能保持原有优良品质。芽接一般选 1 ~2 年生的苗木，枝接应选年龄较大、粗度在 1.5 cm 以上者为好。枝接的接穗可选用 3 ~4 年生二次枝和枣头一次枝，但最好是组织充实、芽体饱满的 1 ~2 年生发育枝的中上部。

2. 嫁接时期与方法

嫁接时间为 3 ~9 月，在不同时期可采用不同的方法进行嫁接。枣树的嫁接方法很多，常用的嫁接方法有劈接、插皮接、芽接、腹接和嵌枝接 5 种。

接后管理：枣树嫁接后能否成活，接后管理很重要，具体管理包括检查成活、除萌、放芽和解绑、扶绑固定、加强肥水管理、防治病虫害等。

## 二、建园

枣树喜光怕风、耐干旱、根系深、寿命长，因此发展枣树种植时，应根据枣树的生长特点和品种特性，对环境条件、土壤状况、种植结构等进行科学选择和规划。

### （一）栽植密度

枣树的栽植密度依栽培目的、土壤条件、肥水条件、田间管理水平、地理环境条件和枣品种特性等而定。一般栽植密度为株距 3 m，行距 4 m 或 5 m，每亩栽 45 ~56 株；或株距 4 m，行距 4 m 或 5 m，每亩栽 33 ~42 株。此类型的枣园易管理，用工量较小，适合大多数地方采用。密植枣园的栽培密度一般为株距 2 m，行距 3 m 或 4 m，每亩栽 83 ~111 株；或株距 1 m，行距 2 m，每亩栽 333 株；或株距 1 m，行距为 1 m、3 m 的两密一稀双行带状栽植，每亩栽 350 ~500 株等。此类枣园管理较为费工，要求较高的管理水平。

### （二）栽植

枣树栽植主要分秋栽和春栽两种，也可在雨季带叶栽植。秋栽是在秋季枣树落叶后至土壤封冻前栽植。春栽在春季土壤解冻后、枣树萌芽前或萌芽期（多在 3 月中旬至 4 月下旬）进行。目前，各地普遍采用的是春栽。

## 三、土肥水管理

### （一）土壤管理

将枣园土壤经常上下翻动，改变上下层次土壤结构。经过深翻的土壤，土壤结构疏松，土壤孔隙增加，通气性、透水性增强，有利于好气性微生物的活动，加速土壤有机质的分解，根系能有效地吸收水分和养分。此外，深翻还可把地面的杂草和残枝落叶掩埋于土中，既增加土壤有机质，又能减少来年侵染病菌。某些在土壤中越冬的害虫，经过深翻，虫体暴露而冻死，从而减轻来年的危害。

### （二）施肥

枣树每年施基肥一次，一般在果实采收后立即进行。施肥方法有土壤施肥和根外追肥。施基肥量根据树龄不同而定，一般来说 1 ~3 年生幼树，每株施 20 ~30 kg；4 ~8 年生结果树，每株施 30 ~80 kg。追肥以含氮量较高的复合肥为主，株施 1 ~2 kg，进入盛果期，此时施肥量可以以枣果产量作基数，并按发育枝生长强度加以调整，使全树枝量和枝龄保持最佳状态，达到连年丰产。枣树追肥第一次在萌芽抽枝期，以促进抽枝展叶和花蕾形成；第二次在开花期；第三次在果实膨大期，多施钾肥可显著提高枣果品质。

### (三)水分管理

枣树耐旱,但过分干旱会引起落果和果实发育不良。根据果实发育特点,一般在以下4个时期灌水:萌芽前,一般在4月上、中旬进行灌水,有利于萌芽、枣头及枣吊的生长、花芽分化和提高开花质量;开花前,结合施肥灌水,使开花良好,促进根系和新梢生长;花期,枣树对水分相当敏感,枣的花粉萌发也需要较大的湿度,水分不足则授粉受精不良,降低坐果率。同时,枣树花期正处于北方干旱季节,如果水分不足,"焦花"现象相当严重,会造成大量的落花落果;幼果期,结合施肥灌水,可防止果实萎蔫,促进幼果生长发育。

## 四、整形修剪

### (一)整形

枣树通过整形修剪后,骨架枝牢固,枝条配备合理,从而能改善光照条件,使生长与结果达到平衡,促进幼树早结果,达到丰产优质的目的。

1. 小冠疏层形

这种树形冠形小而紧凑,骨架牢固,成形快,光照条件好,便于管理和手摘采收,适用于早实丰产性强的鲜食品种,一般栽植密度为(1.5~2)m×(3~4)m,即每亩栽植80~150株。

树形特点:树高2.5~3.0 m。主干高约50 cm,全树有6~7个主枝,分三层着生在中心主干上。第一层主枝3个,基角70°左右,长1~1.5 m,向四周生长。第二层主枝2个,距第一层主枝约80 cm,基角约80°,主枝长0.8~1 m。第三层主枝1~2个,距第二层约60 cm,主枝长约60 cm,向两侧方向生长。三层主枝之间不能互相重叠,在主枝上培养侧枝,即大型枝组或中小型枝组,每个枝组长30~80 cm,长短参差排列,以便充分利用阳光。

2. 开心形

枣树喜光性强,采用开心形可更充分地满足这一特性。树体通风透光好,树冠内不会光秃,结果多,着色好,树形培养较快,适合于密植,便于采收和管理。但因无中心干,容易下垂和不抗风,下垂枝自然更新早,寿命较短。一般栽植密度(1.5~2)m×(3~4)m,即每亩栽植83~150株。

树形特点:干高80 cm左右,每株留3个主枝,向3个不同方向伸展,分枝角度约60°,分别在每个主枝上选留培养2~3个侧枝,各侧枝分别在主枝的两侧背斜位置上,侧枝间相距50 cm左右,各主枝、侧枝上着生结果枝组。

### (二)修剪时期和方法

1. 冬季修剪

一般在落叶后到萌芽前进行。主要方法有疏枝、短截、回缩、缓放、刻伤、拉枝和撑枝、分枝处换头、落头。

疏枝:对交叉枝、竞争枝、病虫枝等枝条从基部剪掉。

短截:将1年生枣头一次枝或二次枝剪掉一部分。在生产中,又将短截分为轻、中、重3种。将1年生枣头一次枝或二次枝剪掉小部分,称轻短截;剪掉一半,称中短截;剪掉一多半,称重短截。

回缩:剪掉多年生枝的一部分。

缓放:对枣头一次枝不进行修剪。一般对骨干枝的延长枝进行缓放,可使枣头顶端主芽继续萌发生长,以扩大树冠。

刻伤:为了使主芽萌发,在芽上部约 1 cm 处横刻一刀,深达木质部。

拉枝和撑枝:结合冬季修剪用木棍、铁丝等撑、拉枝条,使枝条角度开张,控制枝条长势,改善树体内膛光照。

分枝处换头:对着生方位、角度不合适的主枝或大枝组,在合适的分枝处截除,由分枝做延长头,以调整枝量和空间分布,同时可以开张角度,扩大树冠。

落头:对中心干在适当的高度截去顶端一定的长度,以控制树高,加强主侧枝生长,同时打开光路,使树冠内部光照加强,有利于提高枣果品质。

2. 夏季修剪

在生长期进行修剪。主要措施包括抹芽、摘心、拿枝、扭梢、环割、环剥。

抹芽。在树体萌芽后,对萌芽多、芽体部位不适宜的芽应抹除,以节省养分,促进新枝健壮生长。

摘心。枣树摘心包括 3 种类型:枣头摘心(一次枝摘心)、二次枝摘心、木质化枣吊摘心。

拿枝。在生长季节对当年生枣头一次枝和二次枝,用手握住枝条基部和中下部轻轻向下压数次,使枝条由直立生长变为水平生长,缓和生长势,有利于开花坐果。

扭梢。在生长季节将当年生枣头一次枝软化扭转为向下或水平生长。扭梢在枣头一次枝长到 80 cm 左右尚未木质化时进行,扭梢部位一般在距一次枝基部 50 ~ 60 cm 处。

环割。生长季节在枝条基部用刀环割 1 圈或 2 圈,深达木质部。

环剥。生长季节对枣树主干或骨干枝进行环剥,也称“开甲”。其目的是阻止光合产物向根部运输,提高地上部分营养水平,缓和枝叶生长与开花坐果对营养竞争的矛盾,从而提高坐果率。

环剥的最佳时间,因不同枣树品种的坐果习性而异。对于落花重、花朵不易发育成雏形幼果的品种,宜于盛花期初进行。对于落花较轻、花朵易发育成雏形幼果,但雏形幼果脱落严重的品种,环剥时间以盛花期末、幼果落果高峰前 3 ~ 4 天为好。

幼树开始环剥的适宜树龄,以全树 2 年生以上的结果母枝数量达到 300 个以上为宜,因这类枝花质好、花期早,所结果个大质优。幼树第 1 次环剥时应从主干距地面 20 ~ 30 cm处开始,以后每年上移 3 ~ 5 cm,至主枝分杈处,再从下而上重复进行。

## 五、花果管理

枣树落花落果极为严重。第一次集中在盛花期后 14 天左右,第二次在盛花期末后 10 天左右。主要原因是生长周期短,根系活动较晚,开花量大而花期长,营养生长与生殖生长同时进行,养分分配不平衡。

为了提高产量,在开花期可采取以下保花保果措施:

(1)环剥。花期进行树干环剥,也称“开甲”“枷树”,新郑枣区称“牙枣”。它的主要作用是切断韧皮部,暂时中断地上有机营养下运,使叶片光合作用所制造的营养集中在花朵和幼果上，以满足开花坐果及幼树早期生长发育的需要，不仅可提高坐果率20%以上，而且可促进果实成熟一致，提高早果品质。

(2)疏枝。对膛内过密的多年生枝及骨干枝上萌生的幼龄枝，凡位置不当，影响通风透光，又不计划做更新枝利用的，都应当疏除。疏枝的目的也是节省养分，加强光合作用，增强树势。

(3)摘心。包括枣头摘心、二次枝摘心和木质化枣吊摘心。摘心可控制其生长，减少幼嫩枝叶对养分的消耗，缓和新梢和花果之间争夺养分的矛盾，对提高坐果率有明显效果。

(4)抹芽。5月上旬待枣树发芽后，对各级主侧枝、结果枝组间萌发出的新枣头，如不做延长枝和结果枝组培养，都应从基部抹掉，以节省养分，增强树势。

(5)枣园放蜂：枣树为虫媒花，花期放蜂，可增加授粉概率，增产效果显著。枣花是良好的蜜源植物，枣园放蜂是一举多得的好措施。

## 六、采收、贮藏与加工

### (一)采收

#### 1. 果实成熟期

枣果在生长过程中，其大小、形状、颜色等发生一系列变化。根据枣果后期生长发育的特点，可将枣果的成熟期主要划分为白熟期、脆熟期和完熟期。白熟期的特点是枣果大小、形状已基本固定，皮绿色减褪，呈绿白色，果实硬度大，果汁少，味略甜。脆熟期的特点是果实半红至全红，果肉绿白色或乳白色，质脆汁少，甜味浓。完熟期的特点是果肉变软，果皮深红、微皱，用手易将果掰开，味甘甜。

#### 2. 采收适期

枣果何时采收，依其用途不同而异。加工蜜枣、玉枣等，在白熟期采收。此期果实体积不再增大，肉质已开始松软、汁少，糖分含量低，加工蜜枣时糖分易浸入，且由于果皮薄、柔韧，加工时不易脱皮，加工的成品质量好。鲜食或加工乌枣、醉枣，宜在脆熟期采收。此期果实肉脆味甜，清新爽快，适口性最佳，加工的乌枣成品乌光发亮，黑里透红，枣肉紧，不易变形、不脱皮；加工的醉枣色泽鲜红，风味清香。制干枣时，宜在完熟期采收，此期果实在生理上已充分成熟，糖分转化基本结束，含糖量高，水分少。此期采收制干率高，干制成品色泽紫红，果肉肥厚，富有弹性，品质好。

#### 3. 采收方法

目前，枣果采收主要采用手摘法、打落法和催落法。

(1)手摘法。此法适用于较低矮的枣树，可根据需要准确采收合乎要求的果实，工作质量高，但工效低。

(2)打落法。此法适用于较高大的枣树。为减少果实因跌落到地面引起破伤和拾枣用工，用杆震枝时，可在树下撑布单接枣。打落法劳动强度大，对树体损伤也大，有碍下一年生长结果。

(3)催落法。此法是用乙烯利催落采收，效果良好。即在采收前5~7天，全树仔细喷洒1次200~300 mL/L乙烯利水溶液(以40%乙烯利原液的体积计算)。喷药后3~5

天，果柄离层细胞逐渐解体，只留下维管束组织尚保持果实和树体连接。只要轻轻摇晃树枝，果实全部脱落，可大大提高采收工效。采用此法时，一定要掌握好乙烯利浓度，当浓度超过 350 mL/L 时，枣叶即开始大量脱落。因此，必须先对每批乙烯利做小型试验，然后全面喷布。对于某些果皮很薄的品种不宜使用此法。

### （二）贮藏

鲜枣贮藏一般采用简易贮藏法和冷藏法两种。

#### 1. 简易贮藏法

此法适于枣果成熟季节气温较低的北方地区采用。贮藏时，应选择耐贮藏的迟熟品种。果皮呈半红的脆熟期的果实贮藏为最佳。成熟度不足，易失水、失重，完全红熟，果实生活力低，不耐贮藏。

为减少水分蒸发，要选用 0.04 ~ 0.07 mm 厚的聚乙烯薄膜，制成长 70 cm、宽 50 cm 的袋子。每袋装精选的鲜枣 15 kg，封扎袋口，放在阴冷棚或窑洞中分层贮藏于架上。

#### 2. 冷藏法

此法采用机械制冷的冷藏库冷藏，效果很好，可使鲜枣保存 2 个月以上。

枣果采收后，应尽快精选，装袋入冷藏库贮藏。果实精选和装袋方法与简易贮藏法相同。如果贮藏量较大，要采用喷水降温或浸水降温等办法进行预冷，然后入冷藏库。

贮藏温度必须稳定在(0 ± 1)℃，相对湿度维持在 90% ~95%，二氧化碳含量不得高于 5%，库内应适时通风换气，塑料袋扎口要松些或袋上扎适当数量的小孔。

### （三）枣干加工

#### 1. 工艺流程

原料选择→热烫→干制→包装。

#### 2. 操作要点

原料选择：选择皮薄、肉质肥厚致密，糖分高、核小的品种。红枣干制前，一般只需挑选一下，不作其他处理。

热烫：枣先在沸水中热烫 5 ~10 分钟，立即冷却后摊开晒制，可提高干枣的品质。

自然干制：晒制红枣比较简单，一般选择空旷平地，地面铺上席箔等，将枣直接散铺在席上。有的地区以高燥向阳的沙地作晒场，枣即散置于沙上。每天于日落时将枣集拢成堆，覆盖芦席，第二天日出后摊开，中午前后翻动数次。炎热晴天约 1 周可晒好。

人工干制：装载量 12 ~15 kg/m$^2$；初温 55 ℃，终温 65 ~75 ℃；干燥时间 24 小时。

包装：拣出破枣、绿枣、虫枣，进行包装。干燥适度的干枣，皮色深红。肉质金黄色，有弹性，含水量为 25% ~28%，干燥率(3 ~4)∶1。

## 七、主要病虫害防治

### （一）主要病害及防治

#### 1. 枣疯病

枣疯病在枣树根部、枝、叶和花、果都有发生，其表现症状因发病部位不同而异。病根变为褐色或深褐色，形成斑点性溃疡斑，导致烂根。病根常萌发大量丛生小根。这些丛生的病根长到 30 cm 左右时，即停止生长而枯死，其母根也相继死掉。发病枝条的顶芽和腋芽大量萌发成枝,其上芽又萌发小枝而成丛生枝。丛生枝条纤细,节间短、叶片小,呈扫帚状。

防治方法:

(1)清除病枝。铲除无经济价值的病株;选用抗病的酸枣品种作砧木;加强果园管理,增施碱性肥和农家肥。

(2)化学防治。在发病初期,用手摇钻在病树根颈部钻孔,于春季枣树萌芽期或10月间,每株病树滴注浓度为0.1%的四环素药液500 mL;在树干基部或中下部无疤节处两侧各钻1个孔,深达髓心,两孔垂直距离10~20 cm,用高压注射器注入含1万单位的土霉素药液。树干圆周径30 cm以上者,用药液300~400 mL;40 cm以上者,用500~700 mL;50 cm以上者,用800~1 000 mL;60 cm以上者,用1 200~1 500 mL。发病初期,每亩枣园喷施0.2%的氯化铁溶液2~3次,隔5~7天喷1次。每次用药液75~100 kg,对于预防枣疯病具有良好效果。

2. 枣锈病

该病主要危害叶片。发病初期,叶片局部褪绿变黄,叶背出现散生浅绿色小点,正面隐约现出褪绿小斑;背面小点渐变浅灰褐色,最后突起成黄褐色泡斑,即夏孢子堆。后期泡斑表皮破裂,散出黄色粉状的夏孢子;叶正面的小斑变成不规则的黄褐色角斑,泡斑破裂后,病叶容易脱落。

防治方法:

(1)加强栽培管理。栽植不宜过密,合理整形修剪,以利于通风透光。雨季要及时排除积水,防止果园过于潮湿。平时及时清扫落叶,集中烧毁或深埋,以减少初侵染源。枣粮间作时,近树冠处宜种豆类等低秆作物。

(2)7月上旬至8月下旬,每隔15~20天喷布一次1∶2∶200波尔多液,或600~800倍16%松脂酸铜乳油,能有效地控制枣锈病的发生和流行。

3. 枣裂果病

枣果近成熟时,果面裂开缝隙,果肉稍外露,继而裂果腐烂变酸,不能食用。果实开裂后,炭疽菌等病菌极易侵入,从而加速果实腐烂,果面开裂轻者,在树上不霉烂,晾干后进入贮藏期,开裂处发霉腐烂。

防治方法:

(1)种植抗裂品种,及时灌溉。在枣果熟前增长期(8月中旬至9月初)如遇干旱能及时浇灌,经常保持枣园土壤湿润,可减少裂果。合理修剪,注意通气透光,以利于雨后枣果表面迅速变干,减少发病。

(2)从7月下旬开始,喷施0.3%氯化钙水溶液,每隔15天喷1次,连喷2~3次,可明显降低裂果率。

**(二)主要虫害及防治**

1. 枣龟蜡蚧

以若虫或成虫固着在枣叶上或1~2年生枝上吸食汁液,同时排出的大量排泄物密布全树枝叶,7~8月雨季时常引起大量煤污菌寄生,使枝叶布满黑霉,影响光合作用和果实生长,造成树势衰弱,幼果大量脱落,产量下降。常年受害严重的枣树则枯梢累累,连年绝产。

防治方法：

(1)结合冬季修剪，剪除虫枝，并刮除枝条上的越冬雌成虫。

(2)6 月下旬至 7 月初若虫出壳盛期，向树上喷洒 25% 优乐得（灭幼酮、噻嗪酮）可湿性粉剂 1 500 ~ 2 000 倍液，或 20% 灭扫利乳油 2 000 倍液，或 50% 马拉硫磷乳油 1 000 倍液，或 40% 杀扑磷乳油 1 000 ~ 1 500 倍液。7 天后再喷 1 次，即可控制危害。

(3)冬季或早春枣萌芽前喷布 15% ~ 20% 柴油乳剂，或 3 ~ 5 波美度石硫合剂，或 8 ~ 10 倍的松脂合剂来杀灭枝条上的越冬雌虫。

2. 枣尺蠖

枣树萌芽吐绿时，初孵幼虫就开始危害嫩芽，取食嫩叶，随着幼虫虫龄的增大，食量也随之增加，严重的可将枣叶和花蕾全部吃光，造成大量减产，甚至绝收，不但影响当年产量，还影响来年结果。

防治方法：

(1)阻止雌蛾上树产卵。结合挖蛹，在树干基部绑一圈 10 cm 宽的塑料薄膜，接口处要用钉子钉牢。用湿土将塑料薄膜下沿压住，阻止雌蛾上树产卵。也可在塑料薄膜下部绑一圈草绳，诱集雌蛾在里面产卵，然后将草绳解下，集中烧毁。

(2)生物防治。对于 3 龄前幼虫，喷洒苏云金杆菌、杀螟杆菌、青虫菌、7216 等，或喷洒浓度为每毫升稀释液含孢子 0.5 亿左右 2 000 倍液防治。

3. 食芽象甲

以成虫吃食危害枣树嫩芽、幼叶，严重时可将嫩芽吃光，迫使枣树重新萌发出枣吊和枣叶，严重削弱树势，影响生长发育，降低枣果产量和品质。

防治方法：利用成虫发生期短、假死性强，震落地面后早晚不飞、靠爬行上树等特点，在成虫发生初盛期和盛期，在树干周围撒 3% 辛硫磷粉剂毒杀成虫，每株树施用 0.1 ~ 0.15 kg药粉。也可在树上喷洒 4.5% 高效顺反氯氰菊酯乳油 1 500 倍液，或 10% 安绿宝乳油 1 500 ~ 2 000 倍液杀灭成虫。

# 第四章　猕猴桃

## 第一节　树种特性及适生条件

### 一、生物学特性

猕猴桃(*Actinidia* spp.)又名阳桃,为猕猴桃科猕猴桃属藤本植物。大型落叶木质藤本;枝褐色,有柔毛,髓白色,片层状。幼枝或厚或薄地被有灰白色星状茸毛、褐色长硬毛或铁锈色硬毛状刺毛,老时秃净或留有断损残毛;花枝短的4~5 cm,长的15~20 cm,直径4~6 mm;隔年枝完全秃净无毛,直径5~8 mm,皮孔长圆形,比较显著或不甚显著;髓白色至淡褐色,片层状。叶纸质,无托叶,倒阔卵形至倒卵形或阔卵形至近圆形,长6~17 cm,宽7~15 cm,顶端截平形并中间凹入,或具突尖、急尖至短渐尖,基部钝圆形、截平形至浅心形,边缘具脉出的直伸的睫状小齿,腹面深绿色,无毛或中脉和侧脉上有少量软毛或散被短糙毛,背面苍绿色,密被灰白色或淡褐色星状绒毛,侧脉5~8对,常在中部以上分歧呈叉状,横脉比较发达,易见,网状小脉不易见;叶柄长3~10 cm,被灰白色茸毛或黄褐色长硬毛或铁锈色硬毛状刺毛。聚伞花序1~3花,花序柄长7~15 mm,花柄长9~15 mm;苞片小,卵形或钻形,长约1 mm,均被灰白色丝状绒毛或黄褐色茸毛;花开时乳白色,后变淡黄色,有香气,直径1.8~3.5 cm,单生或数朵生于叶腋。萼片3~7片,通常5片,阔卵形至卵状长圆形,长6~10 mm,两面密被黄褐色绒毛;花瓣5片,有时少至3~4片或多至6~7片,阔倒卵形,有短爪;雄蕊极多,花药黄色,长圆形,长1.5~2 mm,基部叉开或不叉开,"丁"字形着生;子房上位,球形,径约5 mm,密被金黄色的压紧交织绒毛或不压紧不交织的刷毛状糙毛,花柱狭条形;花柱丝状,多数。浆果圆形、长圆形、椭圆形等,密被黄棕色长硬毛到光滑无毛,一般单果重30~50 g,最大单果重200 g。雌雄异株,花期5~6月,果熟期8~10月。

猕猴桃的根为肉质根,外皮层较厚,老根表层常呈龟裂状剥落。主根不发达,侧根和须根多而密集,呈须根状根系;侧根随植株生长向四周扩展,生长呈扭曲状。根系在土壤中的垂直分布较浅,而水平分布范围广;1年生苗的根系分布在20~30 cm深的土层中,水平分布范围25~40 cm。成年树根系垂直分布在40~80 cm的土层中,一般根系的分布范围大约为树冠冠幅的3倍。猕猴桃的根系扩展面大,吸收水分和营养的能力强,植株生长旺盛。

猕猴桃的枝属蔓性,在生长的前期,蔓具有直立性,先端并不攀缘;在生长的后期,其顶端具有逆时针旋转的缠绕性,能自动缠绕在他物或自身上。枝蔓中心有髓,髓部大,圆形;木质部组织疏松,导管大而多。新梢以黄绿色或褐色为主,密生绒毛,老枝灰褐色,无毛。当年萌发的新蔓,根据其性质不同,分为生长枝和结果枝。结果枝根据枝条的发育程度,又分为:

徒长性结果枝，长度为 1.5 m 以上；长果枝，长度为 1.0 m；中果枝，长度为 0.3 ~ 0.5 m；短果枝，长度为 0.1 ~ 0.3 m。

猕猴桃为雌雄异株植物，雌花、雄花分别在雌株和雄株上。雌花、雄花在形态上都是两性花，但在功能上雄花的雌蕊败育，雌花的花粉败育，因此都是单性花。花从现蕾到开花需要 25 ~ 40 天。每个花枝开放的时间，雄花 5 ~ 8 天，雌花 3 ~ 5 天。全株开放时间，雄株 7 ~ 12 天，雌株 5 ~ 7 天。雄花的花粉可通过昆虫、风等自然媒体传到雌花的柱头上进行授粉，也可人工授粉。猕猴桃花芽容易形成，坐果率高，落果率低，所以丰产性高。

## 二、自然分布情况

我国猕猴桃栽培历史悠久，主产于河南、陕西、湖南等，次产于湖北、广西、江西、福建、安徽等。河南大别山区、伏牛山区、桐柏山区均有分布，河南省西峡、内乡、南召、淅川、桐柏等地均有栽培，尤以西峡县栽培面积最大。

## 三、对立地条件、气候要求

### （一）土壤

猕猴桃喜土层深厚、疏松肥沃、排水良好、腐殖质含量高的沙质土壤，忌黏性重、易渍水及瘠薄的土壤。猕猴桃对土壤的酸碱度适应较广，pH 值 5.0 ~ 7.9 条件下均能良好生长与结果，但不同品种表现有异。最适 pH 值为 5.5 ~ 6.5。

### （二）海拔

海拔 600 ~ 1 000 m 的山区是猕猴桃生长的理想生态区，在这种生态区种植猕猴桃投资少、成本低、果品含糖量和维生素 C 含量高、果品耐贮藏、病虫害轻。

### （三）温度

猕猴桃的大多数种类要求亚热带或暖温带湿润和半湿润气候。年平均气温 11.3 ~ 16.9 ℃，极端最高气温 42.6 ℃，极端最低气温 -20.3 ℃，≥10 ℃有效积温 4 500 ~ 5 200 ℃，无霜期 160 ~ 270 天，是猕猴桃生长最适条件。猕猴桃属植物对气温有着广泛的适应性，人工栽培驯化表明，它可在年平均温度 10 ℃，绝对最低温度 -28 ℃，年降水量 500 mm 以上的地区生长结果。但是，早春寒冷，晚霜低温，盛夏高温，常常影响猕猴桃的生长发育。

### （四）水分

猕猴桃生长旺盛，枝叶繁茂，蒸腾量大，所以对水分及空气温度要求较严格。喜凉爽湿润的气候，年降水量在 800 mm 以上，相对湿度 70% 以上，是猕猴桃生长发育的适宜地区。猕猴桃不耐涝，在渍水或排水不良时常不能生存。

### （五）光照

多数猕猴桃种类喜半阴环境。在不同发育阶段对光照要求不同。幼苗期喜阴凉，忌阳光直射；成年结果树要求充足的光照。一般认为，猕猴桃是中等喜光果树，要求日照时间为 1 300 ~ 2 600 小时，喜漫射光，忌强光直射，自然光照强度以 40% ~ 45% 为宜。

### （六）风害

猕猴桃新梢肥嫩，叶大而薄，易遭风害。大风、强风常使嫩枝断折，叶片破碎。冬春的干寒风和春夏的干热风均可对猕猴桃的生长发育造成不良影响。应避免在迎风的地方栽植。在山区、丘陵地区栽植,应注意选择背风向阳地。在大风频繁地区栽植,应设置防风林。

## 第二节 发展现状与发展空间

### 一、发展现状

目前河南省猕猴桃栽植面积16万亩,主要分布在西峡、内乡、南召、淅川、桐柏等县,西峡县是我国猕猴桃主要产区,西峡县已建成猕猴桃人工基地11.5万亩,挂果面积4.5万亩,产量4.8万t,基地规模和产量居全国第二位。西峡先后被命名为"中国名优特经济林——猕猴桃之乡""国家猕猴桃标准化示范县""全国优质猕猴桃生产基地县""国家农业(猕猴桃)标准化示范区""国家级出口食品农产品质量安全示范区",西峡猕猴桃获"中国地理标志保护产品和中国生态原产地产品保护"殊荣,被评为"河南省最具影响力的十大地理标志产品"。近年来,该县猕猴桃产业化水平不断提升。全县已建成保鲜库84座,贮藏量达3.5万t,规模较大的猕猴桃生产加工企业达到10余家,年加工猕猴桃能力达到3万t,产品涉及果汁、果片、果酱、果酒、果粉等八大系列30多个品种,加工企业实现产值3.8亿元,产品畅销全国40多个大中城市,并先后销到韩国、乌克兰、东南亚国家及我国台湾等。全县猕猴桃产业总产值达到5亿元,综合效益20亿元,直接参与猕猴桃产业发展建设人员达到8万人,果农人均纯收入达到8 000元以上,重点产区农民收入的70%以上来自猕猴桃产业。

猕猴桃产业发展中存在的问题:一是品种结构不太合理。品种较为单一,晚熟品种海沃德、徐香占的比重较大,达到80%以上,而早、中熟品种米良1号、华美2号、红阳等不足20%,以红阳猕猴桃为代表的红肉猕猴桃优良品种较为稀少,新开发品种也较少。二是缺乏集约式标准化果园管理模式。有些果农还没有完全掌握科学的管理方法,依旧凭借传统经验进行粗放式管理,果园栽培管理技术水平较低,标准化生产程度较低。虽然有像黄狮村这样的部分高产稳产示范园,但整体标准化程度不高,管理也不太规范,因此影响猕猴桃的质量和产量,影响猕猴桃的出口,进而影响其国际市场的拓展。三是产业品牌竞争意识淡薄,品牌形象竞争力还有待提升。部分经营者品牌意识淡薄,缺乏长远的战略眼光,产业品牌竞争力弱,品牌效应没有得到充分发挥,拥有的"万果山""正儿八经"等猕猴桃品牌商标,影响力不够强,知名度还不高。

### 二、发展空间

我国猕猴桃产业有众多优势,因而发展潜力巨大,有望成为像苹果、柑橘和葡萄一样的大宗水果。猕猴桃风味独特,深受消费者喜爱,又因产量高稳,贮藏性好,经济效益突出,产业发展十分迅猛。从世界消费情况来看,我国人均年消费猕猴桃不足0.4 kg,远远低于新西兰的5.5 kg、西班牙的2.8 kg、意大利的2.7 kg。从猕猴桃总产量来看,猕猴桃与苹果、柑橘、葡萄等水果比较,仍是一种小水果,有很大的发展空间。

另外,猕猴桃产业经济效益显著,是果业中的佼佼者。种植猕猴桃的收入与种植粮食相比，优势明显，与种植其他水果相比，市场需求强劲，在水果整体价格下滑或滞销的情况下，猕猴桃销售却一枝独秀，价格稳中有升。另外，从河南省大面积栽培的效果看，猕猴桃产业已经成为当地农民收入的主要来源。河南省除个别产区外，猕猴桃产区多分布在贫困地区，因而猕猴桃产业又是农民脱贫致富的黄金产业，在贫困地区产业比较优势更为明显。

## 第三节　经济性状、效益及市场前景

### 一、经济性状

#### （一）食用

猕猴桃果实营养丰富，是世界上的新型水果。据分析，猕猴桃含总糖8%～14%，有机酸1.2%～2.4%，可溶性固形物12%～18%，每100 g鲜果肉中含维生素C 150～420 mg，比柑橘高10倍，比梨和苹果高30倍，被誉为“维C之王”。猕猴桃还含有17种氨基酸，且各类氨基酸的组合配比更接近于人脑神经细胞中各类氨基酸的配比。食用猕猴桃有益于人的大脑发育。猕猴桃还含多种维生素及脂肪、蛋白质、氨基酸和钙、磷、铁、镁、果胶等，而且含有良好的可溶性膳食纤维。除鲜食外，猕猴桃还可加工罐头、果汁、果酱、果脯、果酒、果干、果粉、糖果等。

#### （二）药用

猕猴桃味甘酸，性寒，有生津解热、调中下气、止渴利尿、滋补强身的功效。其含有硫醇蛋白酶的水解酶和超氧化物歧化酶，因而具有养颜、提高免疫力、抗癌、抗衰老、软化血管、抗肿消炎功能。

猕猴桃含有的血清促进素具有稳定情绪、镇静心情的功效；所含的天然肌醇也有助于脑部活动；其膳食纤维还有降低胆固醇、促进心脏健康的作用；猕猴桃碱和多种蛋白酶具有开胃健脾、助消化、防止便秘的功能。此外，猕猴桃还有乌发美容、娇嫩皮肤的作用。

猕猴桃的根、茎、叶、花、果均可入药，现代医学研究证明，猕猴桃果汁能有效地阻断致癌物质亚硝胺的产生。由此可见，猕猴桃不仅是重要的滋补水果，而且是日常食用的保健佳品。

猕猴桃适宜胃癌、食道癌、肺癌、乳腺癌、高血压、冠心病、黄疸肝炎、关节炎、尿道结石患者食用；适宜食欲不振、消化不良者食用；适宜航空、航海、高原、矿井等特种工作人员和老弱病人食用。情绪不振、常吃烧烤类食物的人也宜食用猕猴桃。

#### （三）其他价值

该属植物果实可供食用、药用；叶可饲猪；茎叶可作造纸原料，茎皮和枝干可制造宣纸；枝条浸出液含胶质，可供造纸业作调浆剂，并可用于建筑方面与水泥、石灰、黄泥、沙子等混合使用，起加固作用，用以铺筑路面、晒坪和涂封瓦檐屋脊；根部可作杀虫农药；花是很好的蜜源；许多种类的枝、叶、花、果都十分美观，适宜栽植于绿化园地作观赏植物。

### 二、效益

猕猴桃结果早，单位面积产量高。嫁接苗定植后第二年即可开花结果，第五年进入盛果期,亩产可达2 000~3 000 kg,因不同品种销售价格不同,差的品种每亩收入可达4 000~6 000元,好的品种每亩收入可达2万元以上。结果寿命长达100多年。同时,在幼龄期果园可间种矮秆作物,既可提高土壤肥力,又可增加收入。

### 三、市场前景

目前,猕猴桃种植面积最大的主要是秦美、中华等老品种,老品种的销售市场基本保持供大于求的状态,而以红心果猕猴桃为主的优质无公害果的批发价格则保持在较高的水平,市场销路好,种植效益好。

## 第四节 适宜栽培品种

### 一、豫猕猴桃1号(华美1号)

由河南省西峡猕猴桃研究所选育,2000年通过河南省林木良种审定委员会审定。

原种美味猕猴桃(*Actinidia deliciosa*),生长势强,枝条粗壮,芽子饱满。果实平均重60 g以上,最大果重110 g,含可溶性固形物12.8%、总糖7.43%、总酸1.52%,维生素C含量150 mg/100 g。鲜果肉酸甜适口,芳香味浓,营养丰富。结果早,嫁接第二年开花结果,丰产稳产,5年生树平均株产26 kg,最高株产64 kg。特别是果实长圆柱形,鲜食、加工切片俱佳,切片利用率高。

### 二、豫猕猴桃2号(华美2号)

由河南省西峡猕猴桃研究所选育,2002年通过河南省林木良种审定委员会审定。

原种美味猕猴桃,生长势强,枝条粗壮,叶大质厚,芽子饱满。结果早,定植后第二年结果。果实个大,长圆锥形,黄褐色,密被黄棕色柔毛,果肉黄绿色,平均单果重112 g。果心小,汁液多,酸甜可口,富有芳香。其成熟早,丰产稳产,抗逆性强,耐藏性好。

### 三、中猕1号

由中国农业科学院郑州果树研究所选育,2003年通过河南省林木良种审定委员会审定。

原种美味猕猴桃,为雌株。树势强。叶片大,上面浓绿色,背面淡绿色。果实椭圆形,褐色,密被长茸毛,果顶突起;平均果重95 g,最大果重137g;果肉绿色,硬度中等;可溶性固形物含量16.10%,总酸含量2.23%;酸甜适中,味清香;果心椭圆形,平均心室数36.8个。果实后熟较难,货架期15天左右,成熟期10月下旬。

### 四、豫猕猴桃3号(华光2号)

由西峡猕猴桃研究所选育,2000年通过河南省林木良种审定委员会审定。

原种中华猕猴桃(*Actinidia chinensis*),生长势中庸,枝条粗壮充实,节间短,芽萌发率高达95%。嫁接后2年始果。结果枝多为短、中果枝,坐果率高,结果多。5年生最高株产47.5 kg,平均株产25 kg。果实椭圆形,果面光滑,无毛或少有茸毛,整齐匀称;平均果重60 g以上,最大果重114.5 g,果肉浅黄至金黄色,含可溶性固形物13%、总糖6.51%、总酸1.24%,维生素C含量116.77 mg/100 g。质细多汁,味纯正,口感好,富有浓香,品质上等。其加工、鲜食俱佳,是国内首批选出的中华猕猴桃优良栽培品种。

## 五、天源红猕猴桃

由中国农业科学院郑州果树研究所选育,2007年通过河南省林木良种审定委员会审定。

原种河南猕猴桃(*Actinidia henanensis*),果实从里到外为暗红色,这是目前现有猕猴桃品种中无论大果型,还是小果型均没有的。果实迷你型,实测果长2.93 cm,横径2.21 cm,平均果重8.99 g,可溶性固形物含量15%;可直接不去皮食用,也可加工成玫瑰色果汁和干红酒。果实不耐贮藏,植株生长势较弱,抗逆性能一般,抗病性较好。果实成熟期8月下旬。

## 六、宝石红

又名红宝石星,由中国农业科学院郑州果树研究所选育,2007年通过河南省林木良种审定委员会审定。

原种河南猕猴桃,果实从里到外为红色,这是现有猕猴桃品种中无论大果型,还是小果型均没有的。果实迷你型,实测红宝石星果长2.56 cm,横径1.88 cm,平均果重5.86 g,可溶性固形物含量10.5%;可直接不去皮食用,也可加工成玫瑰色果汁和干红酒。果实不耐贮藏,植株生长势较弱,抗逆性能一般。果实成熟期8月下旬。

## 七、徐香猕猴桃

由江苏省徐州市果园在1975年从北京植物园引入的美味猕猴桃实生苗中选出。

该品种果实圆柱形,果皮黄绿色,被黄褐色绒毛,果皮薄,易剥离。单果重75~110 g,最大果重137 g。果肉绿色,汁多,酸甜适口,香味浓。维生素C含量99.4~123.0 mg/100 g,含可溶性固形物15.3%~19.8%、总糖12.1%、有机酸1.42%。果实成熟期10月上中旬。室温条件下可贮存30天左右。该品种适应性强,早果、丰产、稳产。

## 八、红阳猕猴桃

为红心猕猴桃新品种,由四川省自然资源研究所选出。

该品种早果性、丰产性好;果实中大、整齐;果实为短圆柱形,果皮呈绿褐色,无毛。含可溶性固形物16%、总糖13.45%、有机酸0.49%,维生素C含量135 mg/100 g。果肉黄绿色,果实中心柱呈放射状红色条纹,极美观。果汁酸甜适中,清香爽口,品质极优。平均单果重87 g,较耐贮运。9月中上旬成熟,可直接食用。抗病性一般。为一较好的特色鲜食加工两用品种。

## 九、米良一号

由湖南吉首大学生物系选出,为晚熟较耐贮藏的鲜食品种。果实美观整齐,长圆柱形,果顶突出;果皮棕褐色,密被黄褐色硬毛;平均单果重74.5 g;果肉黄绿色,汁多,酸甜适度,风味纯正,清香,品质上等;含可溶性固形物15%、总糖7.4%、有机酸1.25%,维生素C含量188~207 mg/100 g。栽植第二年普遍挂果。10月中下旬果实成熟;果实较耐贮藏,常温下可存放20~30天;果实适于鲜食和加工。

## 第五节　组装配套技术

### 一、育苗

#### (一)苗圃地选择与整地

选择土质疏松、排水良好的地块作苗圃,先施入腐熟厩肥、堆肥、杀虫剂等,再翻耕,深翻25~30 cm,耙平整细,种子育苗地要求达到土碎如粉,地平如镜。扦插育苗地则可稍粗放。翻整后作畦,畦宽80~130 cm。多雨地区作成高畦,少雨地区作成平畦。

#### (二)播种育苗

1. 采种

在果实充分成熟后进行。选择果大、品质好的鲜果,采摘后让其后熟,变软,置于纱布袋中揉碎果实,洗净种子,阴干后存于布袋中。

2. 种子处理

一般多用沙藏法。先将种子用温水浸泡24小时后,种子与沙以1∶3比例混匀,放入容器中或土坑中,每周浇水观察一次;约50天发芽,大约有20%的种子发芽即可播种。

3. 播种

一般在3月下旬播种。在畦上开宽10 cm、深3 cm的平沟,行距10 cm,先浇透底水,再把带沙的已见芽点的种子均匀地播入沟中,上覆2 cm厚的细土,然后盖上稻草保墒。

4. 苗期管理

晴天早、晚各淋水1次。1周左右,幼苗出土,渐弃掉稻草。浇水要细,以免冲出种子、幼苗;也可采用沟灌,使水浸入畦中。雨天要注意排水。长出3~5片真叶时开始间苗,间出的壮苗可移栽。幼苗期要防晒、防雨、防冲刷,故揭开稻草后,要搭棚遮阴、遮雨。白天盖上,晚上揭开。当真叶长到6片以上,渐渐撤除荫蔽物。

作砧木用的幼苗,苗高30 cm时摘顶,以促茎干粗壮,当茎干直径达1 cm以上时,即可作砧木供嫁接用。幼苗期,一年要进行3~5次的中耕除草,根据土壤板结程度及时松土,注意不能伤根,同时尽早、尽小除净杂草。结合中耕除草,适时施肥,幼苗出土半个月后结合浇水喷施0.1%~0.5%尿素1次,以后大约每月施肥1次,施肥原则为"勤、少、匀"。以施稀薄腐熟人畜粪尿为主,适当喷施化肥。

#### (三)嫁接育苗

1. 砧木和接穗选择

当砧木粗度达7~8 mm以上时即可嫁接,选择抗旱、抗寒、抗涝、抗病的植株作砧木,一般选择美味猕猴桃;选择生长健壮、无病虫害、充分成熟、腋芽饱满的优良株系的一年生枝条作接穗,既能保持优良品系固有的特性,又能达到早结果的目的。

2. 嫁接方法

嫁接方法以嵌芽接为宜，嫁接时间在春季萌芽伤流前一个月进行，这时嫁接砧木和接穗组织充实，容易愈合，成活率高。当年萌发枝条充实，翌年就可结果。由于枝条伤流重、树胶多、枝条髓部大、纤维多而韧、伤口易失水干枯、接口难削平等众多因素，不能用常规嫁接方法。

嫁接后应在接芽萌发抽枝、接口完全愈合后再解开包扎物；嫁接后管理应特别注意剪砧的时间和方法，由于猕猴桃短截后易失水干枯，因此不宜一次剪砧，应留 10 cm 左右保护桩，并将桩上的芽抹除，保证接芽的顶端优势。春季嫁接要先剪砧，后嫁接；夏季嫁接成活后剪砧；秋季嫁接则在翌年早春树液流动前剪砧。此外，还应设立支柱，以防接口劈裂。

采用单芽枝腹接法，春、夏、秋季只要接穗枝条充实，砧木粗度在 0.6～1.5 cm 均可进行嫁接。春季嫁接在砧木萌动前 20～30 天进行最好。

3. 嫁接成活技术要点

砧木与接穗接合面要对准、贴紧；嫁接操作要快，尽量缩短接口削面与空气的接触时间；接合部位绑紧，以促进成活，接合部位采用塑膜绑缚、湿土封埋以保持一定的湿度，提高成活率。

4. 嫁接苗管理

除常规做好水、肥、病虫害管理外，及时做好剪砧；加强除萌；立好支柱，以免新抽的嫩梢被风折断；嫁接苗成活后，及时解除绑缚物；嫁接苗生长高达 1 m 时适时摘心，促其生长粗壮，再分枝。嫁接及时，管理得当，肥水充足时，早春嫁接苗一般第一年可长至 2 m 左右，第二年就能开花结果。

**（四）扦插育苗**

扦插繁殖的优点是能保持母株的优良性状特征，提早开花结果，而且不受时间限制，一年四季均可大量繁殖。扦插方法有硬枝扦插法、嫩枝扦插法，最广泛应用的是硬枝扦插法。

1. 硬枝扦插法

选用生长健壮、腋芽饱满、已木质化的一年生枝条作插条。要求插条长度 10～14 cm，直径 0.4～0.8 cm，具有 2 芽，枝条剪下后，上口用蜡封包，下口平剪，用高浓度生长调节剂快速处理。采用 1 500 mg/L 吲哚丁酸短时间浸泡，既可让外源激素发挥作用，促进根的生长，又可避免枝条内胶液流失。处理后如不能及时扦插，要用黄沙埋藏，注意保湿。

扦插时间一般在落叶后发芽前的早春较好，扦插后气温升高，适宜愈伤组织形成，对生根有利。其他季节也可进行扦插。以行株距 20 cm × 10 cm 的距离把插条垂直插入已备好的插床上，2/3 入土，1/3 露出，用手压实土，淋透水即可。

未发芽长叶时，一周浇水一次，长叶后耗水增加，隔天浇一次透水。扦插苗要遮阴，防止阳光暴晒，做到中午遮阴，早晚全光照，晴天遮阴，阴雨天全光照，以利于苗的生长。出现 4 片真叶时，摘顶限长，以促进根的生长。

凡是生根成活的苗，尽早从插床中移至苗圃。苗圃的准备与种子育苗相同，在畦面上以 30 cm × 30 cm 的株行距挖穴，并施入适量的腐熟厩肥、堆肥与土拌匀，备用。将插床中生根的苗移入苗圃后，要遮阴并浇足水，待苗成活后开始生长，要立支柱保护，适时进行中耕除草,施肥补充养分,到苗高 1 m 时摘顶,促其分枝生长旺盛。

2. 嫩枝扦插法

选择当年生半木质化的枝条作插穗,剪下的枝条用低浓度生长调节剂浸泡,以促进根的生长,一般可选用 200 ~ 500 mg/L 萘乙酸浸泡 3 小时,再取出扦插。此种方法扦插要求条件较为严格,扦插后要加强检查管理。

扦插地同样要遮阴,早晚各喷水一次,湿度需保持在 90% 左右,温度在 25 ℃左右,10 天即可形成愈伤组织,20 天即可生根。

## 二、建园

### (一)园地选择

土壤种类以轻壤土、中壤土、沙壤土为好,重壤土建园时应进行土壤改良。土壤 pH 值宜为 4.9 ~ 6.7,地下水位在 1 m 以下。有可靠的灌溉水源和有效的灌溉设施,地势低洼的地区应保证排水设施良好。

园地面积较大时,根据地形划分为作业小区,小区一般长不超过 150 m,宽 40 ~ 50 m。配置田间工作房、作业道、灌溉(排水)渠道,园地两端留出田间工作机械的通道等。行向尽量采用南北向,以充分利用太阳光能。

### (二)栽植

1. 苗木选择

苗木应选择品种纯正、无检疫性病虫害、生长健壮的一年生苗。雌株和雄株的配置比例为(5 ~ 6)∶1。雄株要选择花期长、花粉多,且花期与雌株一致的优良品种。

2. 栽植时期与方法

秋季栽植从落叶后至地冻前进行,春季栽植在解冻后至芽萌动前进行。

使用"T"形架时株距 2.5 ~ 3 m,行距 3.5 ~ 4 m;使用大棚架时株距 3 ~ 4 m,行距 4 m。按规划测出定植点,开挖 40 ~ 50 cm 见方、40 ~ 50 cm 深的定植穴,每穴施入腐熟的有机肥 20 kg、过磷酸钙 1 kg,与土壤充分混合。定植一般选在苗木休眠期的秋冬季进行。最好带土盘移栽,这样成活率高。苗木在穴内的放置深度以穴内土壤充分下沉后,根颈部大致与地面持平为宜,栽时使根系舒展,与土壤接触紧密,踩实,再覆土盖平,栽植后灌一次透水。

3. 架型

"T"形架。沿行向每隔 6 m 栽植一个立柱,立柱全长 2.5 m,地上部分长 1.8 m,地下部分长 0.7 m,横梁上顺行架设 5 道 8″镀锌防锈铅丝,每行末端立柱外 2 m 处埋设一地锚拉线,地锚体积不小于 0.06 $m^3$,埋置深度 100 cm 以上。

大棚架。立柱的规格及栽植密度同"T"形架,顺横行在立柱顶端架设三角铁,在三角铁上每隔 50 ~ 60 cm 顺行架设一道 8″镀锌防锈铅丝,每竖行末端及每横行末端立柱外2 m 处埋设一地锚拉线,埋置规格及深度同"T"形架。

## 三、土肥水管理

### (一)中耕除草培土

由于猕猴桃树盘内肥沃潮湿,特别易滋生杂草。同时经常浇水又易造成土壤板结,因此要经常进行松土除草，一般选在雨后进行，松土的深度为 5 ~ 10 cm，以不伤及根为度。由于经常浇水，加上雨水冲刷，造成表土流失，根系暴露，故要在中耕除草的同时，及时培土保根。随着树盘逐渐长大，根系向周围伸展，要逐渐挖松外围土层，以利于根的生长。中耕宜在秋季根系生长高峰期前进行，结合秋施基肥效果更好。

### （二）施肥

根据果园的树体大小及结果量、土壤条件和施肥特点实行配方施肥，肥料中氮、磷、钾的配合比例为 1：（0.7 ~0.8）：（0.8 ~0.9）。

根据需要加入适量铁、钙、镁等其他微量元素肥料。

全部农家肥和各种化肥的 60% 在秋季做基肥一次施入，第二年萌芽前追肥施用化肥的 20%，果实膨大期追肥施用化肥的 20%。

施基肥时，幼园结合深翻改土挖环状沟施入，沟宽 30 ~ 40 cm，深度 40 cm，逐年向外扩展；也可采用撒施，将肥料均匀地撒于树冠下，浅翻 10 ~ 15 cm。追肥时幼园在树冠投影范围内撒施，树冠封闭后全园撒施，浅翻 10 ~ 15 cm。施基肥和追肥后均应灌水，最后一次追肥应在果实采收期 30 天前进行。

叶面喷肥全年 4 ~5 次，生长前期 2 次，以氮肥为主；后期 2 ~ 3 次，以磷、钾肥为主。常用叶面喷肥浓度：尿素 0.3% ~0.5%，磷酸二氢钾 0.2% ~0.3%，硼砂 0.2% ~0.3%。最后一次叶面喷肥在果实采收期 20 天前进行。

### （三）灌溉与排水

土壤湿度以保持在田间最大持水量的 70% ~80% 为宜，低于 65% 时应灌水，清晨叶片上不显潮湿时应灌水。萌芽期、花前、花后根据土壤湿度各灌水一次，但花期应控制灌水，以免降低地温，影响花的开放。果实迅速膨大期根据土壤湿度灌水 2 ~3 次。果实采收前 15 天左右应停止灌水。越冬前灌水一次。

低洼易发生涝害的果园周围修筑排水沟，沟深 100 cm 以上，果园面积较大时园内也应有排水沟，将多余水排出园外。同时对树盘培土，改变为高垄栽植。

## 四、整形修剪

采用单主干上架，在主干上接近架面的部位留 2 个主蔓，分别沿中心铅丝伸展，主蔓的两侧每隔 30 cm 左右留一个结果母枝，结果母枝与行向呈直角固定在架面上。

### （一）夏季修剪

可在 4 ~8 月上旬进行。其修剪方法包括以下几种。

#### 1. 抹芽

从萌芽期开始抹除着生位置不当的芽，一般主干上萌发的潜伏芽均应疏除，但着生在主蔓上可培养作为下年更新枝的芽应根据需要保留。抹芽在生长前期大致每周抹除一次。特别要除去着生在砧木上的萌芽和春季发芽时未彻底抹清的萌芽。另外，对上年冬季修剪时剪锯口周围新生的萌蘖、树体内枝叶茂密处的抽生萌芽及当年着生枝第一节下部的所有抽生腋芽，都要予以抹除。

#### 2. 摘心

夏季猕猴桃的长势很强，生长速度很快，生长量也很大，因此需要进行摘心的枝蔓梢头也很多,主要包括:一是对永久性枝蔓上萌发出的预备枝的徒长性发育枝,可在 80 cm 处摘心。二是对徒长性结果枝和长果枝,可在最后一个果实上部第 7 ~ 8 片叶处摘心。三是对长势强的结果母枝和发育枝,应根据不同情况进行摘心。一般来说,二次长出枝留 3 ~ 4 片叶后摘心,三次长出枝留 2 ~ 3 片叶后摘心。

3. 短截

猕猴桃在夏季修剪时,一般很少对枝蔓进行短截。但是,对摘心时遗漏的徒长性结果枝和长果枝,应在其结果部位以上第 7 ~ 8 片叶处予以短截,对遮挡光线较严重的过长营养枝也可适当进行短截。

4. 疏枝

疏除由基部萌发的所有徒长枝、部分由永久性主蔓上萌发的徒长性发育枝及一切病虫枝,还要适当疏除过密枝、衰弱枝、机械性损伤枝及临时性母枝上萌发的部分结果枝。此外,还应酌情疏除结果过多、长势较弱的结果枝等。夏季疏枝的时间宜早,一般在新梢长到 30 ~ 40 cm 时就应进行。

5. 绑蔓

新梢长到 30 ~ 40 cm 时开始绑蔓,使新梢在架面上分布均匀,每隔 2 ~ 3 周全园检查、绑缚一遍。

### (二)冬季修剪

1. 结果母枝选留

结果母枝优先选留生长强壮的发育枝和结果枝,其次选留生长中庸的枝条,短枝在缺乏枝条时适量选留填空;选留结果母枝时尽量选用距离主蔓较近的枝条,选留的枝条根据生长状况修剪到饱满芽处。

2. 更新修剪

尽量选留从原结果母枝基部发出或直接着生在主蔓上的枝条作为结果母枝,将前一年的结果母枝回缩到更新枝位附近或完全疏除掉。每年全树至少应将 1/2 以上的结果母枝进行更新,两年内全部更新一遍。

3. 培养预备枝

未留作结果母枝的枝条,如果着生位置靠近主蔓,剪留 2 ~ 3 芽为下年培养更新枝,其他枝条全部疏除,同时剪除病虫枝、清除病僵果等。

4. 留芽数量

修剪完毕后结果母枝的有效芽数大致保持在 30 ~ 35 个/$m^2$ 架面,将所留的结果母枝均匀地分散开,固定在架面上。

## 五、花果管理

### (一)疏蕾

疏蕾通常在 4 月中下旬进行,侧花蕾分离后 2 周左右开始疏蕾,根据结果枝的强弱调整花蕾数量,强壮的长果枝留 5 ~ 6 个花蕾,中庸的结果枝留 3 ~ 4 个花蕾,短果枝留 1 ~ 2 个花蕾。

### (二)授粉

以蜜蜂授粉为主,蜂源不足或受气候影响蜜蜂活动不旺盛时采用人工授粉。

蜜蜂授粉在大约10%的雌花开放时，每公顷果园放置活动旺盛的蜜蜂5～7箱，每箱中有不少于3万头活动旺盛的蜜蜂，园中和果园附近不能有与猕猴桃花期相同的植物，园中的三叶草等绿肥应在蜜蜂进园前刈割一遍。

人工授粉可采集当天刚开放、花粉尚未散失的雄花，用雄花的雄蕊在雌花柱头上涂抹，每朵雄花可授7～8朵雌花；也可采集第二天将要开放的雄花，在25～28 ℃下干燥12～16小时，收集散出的花粉贮于低温干燥处，用毛笔蘸花粉在当天刚开放的雌花柱头上涂抹，也可将花粉用滑石粉稀释20～50倍，用电动喷粉器喷粉。

#### （三）疏果

疏果在盛花后10天左右开始，首先疏去授粉受精不良的畸形果、扁平果、伤果、小果、病虫危害果等，保留果梗粗壮、发育良好的正常果。根据结果枝的势力调整留果数量，生长健壮的长果枝留4～5个果，中庸的结果枝留2～3个果，短果枝留1个果。同时注意控制全树的留果量，成龄园每平方米架面留果40个左右。

#### （四）果实套袋

果实套袋可避免果实与农药接触，降低果实中农药的残留，同时又可改善果品的外观品质。一般在定果后对幼果进行套袋。套袋前要全园喷1次无公害杀虫杀菌剂，待药液干后再套袋，最好在24小时内选择晴天的8:30～10:30和14:30～18:30进行，要选用无公害水果专用袋。套袋后要每隔10天随机解袋检查1次，采收前1个月放风除袋上色。为弥补套袋果可溶性固形物含量低的不足，在果实生长后期，可结合喷药喷肥加喷200倍高效增糖灵等增糖、增质剂2～3次。

### 六、果实采收、贮藏

#### （一）采收

根据不同品种的果实成熟期，采收时间在8月底至11月上旬进行，这时果实已充分成熟，可进行采摘。采收应轻摘轻放，堆置要避免挤压、碰伤。中华猕猴桃和美味猕猴桃采收后要经过8～10天的后熟期才能食用。大批量的果实可喷50 mg/L乙烯利催熟；小批量则与苹果、梨混装在一起，密封起来，都可起到催熟作用。

#### （二）贮藏

果实以鲜品贮藏，常采用低温冷库或气调冷库贮藏。河南产区采用通风降温措施，贮藏半年左右，好果率能保持在80%以上。

### 七、主要病虫害防治

#### （一）主要病害及防治

1. 果实熟腐病（腐烂病）

当猕猴桃成熟之际，在收获果实的一侧出现类似大拇指压痕斑，微凹陷，褐色，酒窝状，直径大约5 mm，其表皮并不破，剥开皮层显出微淡黄色的果肉，病斑边缘呈暗绿色或水渍状，中间常有乳白色的锥形腐烂，数天内可扩深至果肉中间乃至整个果实。贮藏期间腐烂率高者达到30%。

此病侵染过程是：靠风、雨、气流传播，以及修剪造成的枝条伤口感染；在20 ℃气温条件下经14～21天的潜伏期后侵染果实，果实成熟期表现出被害症状。

防治方法：

(1)清除修剪下来的猕猴桃枝条和枯枝落叶，减少病菌寄生场所。

(2)幼果套袋。谢花后1周开始进行幼果套袋，避免侵染幼果。

(3)从谢花后2周至果实膨大期(5～8月)，向树冠喷50%多菌灵800倍液，或1∶0.5∶200波尔多液，或80%托布津可湿性粉剂1 000倍液2～3次，喷药间隔时间为20天左右。

2. 根腐病

初期在根颈部发生暗褐色水渍状病斑，逐渐扩大后生白色绢丝状菌丝。病部的皮层和木质部逐渐腐烂，有酒糟味，菌丝大量发生后经8～9天形成菌核，似油菜籽大小，淡黄色。以后下面的根逐渐变黑腐烂，从而导致整个植株死亡。

侵染过程：菌丝在被害处越冬，春季开始发病，夏秋季是严重发生期，10月以后停止发展。此病在土壤黏重、排水不良的果园时有发生。

防治方法：

(1)建园时要选择排水良好的土壤，雨季要搞好清沟排渍工作，不要定植过深，不施用未腐熟的肥料。

(2)发现病株时，将根颈部土壤挖开，仔细刮除病部及少许健全部分，消毒后涂波尔多液，经半月后换新土盖上。刮除伤面较大时，要涂蜡保护，并追施腐熟粪水，以恢复树势。

(3)树盘施药在3月和6月中下旬，用代森锌0.5 kg加水200 kg灌根。

3. 蒂腐病

受害果起初在果蒂处出现明显的水渍状，以后病斑均匀向下扩展，果肉由果蒂处向下腐烂，蔓延至全果，略有透明感，有酒味，病部果皮上长出一层不均匀的绒毛状灰白霉菌，后变为灰色。由于蒂腐病危害，贮藏期烂果率达20%～40%。

病菌以分生孢子在病部越冬，通过气流传播。春季该菌先侵染花引起花腐。果实感染发生于采收、分级和包装过程中。猕猴桃园中病菌孢子的大量形成时期是在开花期至落瓣期。猕猴桃在冷藏(0 ℃)条件下受染果实约经4周出现症状，12周后未发病果一般不会再发病。

防治方法：

(1)搞好冬季清园工作，及时摘除病花集中烧毁。

(2)开花后期和采收前各喷一次杀菌剂，如倍量式波尔多液或65%代森锌500倍液。采前用药应尽量使药液着于果蒂处；采后24小时内用药剂处理伤口和全果，如用50%多菌灵1 000倍液加“2,4－D”100～200 mg/L浸果1分钟。

**(二)主要虫害及防治**

1. 蝙蝠蛾

幼虫在树干基部50 cm左右和主蔓基部的皮层及木质部为害，蛀入时先吐丝结网将虫体隐蔽，然后边蛀食边将咬下的木屑送出，粘在丝网上，最后连缀成包，将洞口掩住。有时幼虫在枝干上先啃一横沟再向髓心蛀入，因而常造成树皮环割，使上部枝干枯萎或折断。虫道多自髓心向下蛀食,有时可深达地下根部,虫道内壁光滑。化蛹前虫包囊增大,色泽变成棕褐色,先咬一圆孔,并在虫道的内口处用丝盖物堵在孔口准备化蛹。

防治方法:

(1)保护天敌。食虫鸟、捕食性步甲虫和寄生蝇等均对蝙蝠蛾发生量具有一定的抑制作用。

(2)检查果园。发现树干基部有虫包时,撕除虫包,用细铁丝插入虫孔,刺死幼虫;或用50%敌敌畏50倍液滴注,或用棉球醮药液塞入蛀孔内;或用磷化铝片剂,每孔用0.1 g即可,孔口用湿泥堵塞,毒杀幼虫。

2. 叶蝉

叶蝉种类颇多,危害猕猴桃的主要是大青叶蝉和小绿叶蝉等。成虫若虫吸猕猴桃树的芽叶和枝梢的汁液,被危害叶面初期出现黄白色斑点,渐扩展成片,严重时全叶苍白早落,树体衰弱,产量锐减。

防治方法:

(1)选择抗性品种栽培。

(2)利用黑光灯诱杀成虫。

(3)冬季清除苗圃内的落叶、杂草,减少越冬虫源。

(4)喷施2.5%溴氰菊酯可湿性粉剂2 000倍,或50%杀螟松乳油1 000倍液,或0.5%藜芦碱可湿性粉剂600~800倍液。使用药物防治的时候应当注意从周围到中间环绕喷药,并在中间部分加大用药量,对大田周围杂草要及时清理,并用药物喷洒。

# 第五章 梨

## 第一节 树种特性及适生条件

### 一、生物学特性

梨(*Pyrus* spp.)为蔷薇科梨属植物,是我国重要的传统果品,栽培历史悠久,全国各地均有栽培。幼树期主干树皮光滑,树龄增大后树皮变粗,纵裂或剥落。嫩枝无毛或具有茸毛,后脱落;2年生以上枝灰黄色乃至紫褐色。冬芽具有复瓦状鳞片,一般为11~18片,花芽较肥圆,呈棕红色或红褐色,稍有亮光,一般为混合芽;叶芽小而尖,褐色。单叶,互生,叶缘有锯齿,托叶早落,嫩叶绿色或红色,展叶后转为绿色;叶形多数为卵形或长卵圆形,叶柄长短不一。花为伞房花序,两性花,花瓣近圆形或宽椭圆形,栽培种花柱3~5个,子房下位,3~5室,每室有2个胚珠。果实有圆、扁圆、椭圆、瓢形等;果皮分黄色或褐色两大类,黄色品种上有些阳面呈红色;秋子梨及西洋梨果梗较粗短,白梨、沙梨、新疆梨类果梗一般较长;果肉中有石细胞;种子黑褐色或近黑色。

梨树树体高大,干性强,树势健壮,寿命长。梨树顶芽、侧芽发育良好,萌芽力强,成枝力低,梨树常常先端萌发生长1~3个新梢,基部盲节不萌发,大部分芽萌发为短枝。梨树修剪时,要珍惜枝条,尽量不疏,将枝条加以改造利用。梨树顶端优势明显,在整形修剪中尽量培养两侧主枝、新生枝,以抑制顶端旺长。梨树新梢生长主要集中在春季,生长停止早,很少萌发新梢。

梨树开始结果年龄一般为2~5年。梨树一般以短果枝结果为主,中长果枝结果较少。梨树花芽容易形成,且花量大,落花落果轻,坐果率高。梨树自花结实率低,大多为异花授粉,应合理配置优良的授粉品种。

### 二、栽培情况

我国是梨的主要起源地之一,是世界第一产梨大国。梨是我国仅次于苹果、柑橘的第三大水果。我国梨种植范围较广,除海南省、港澳地区外其余各省(区、市)均有种植。我国梨种植范围较广,在长期自然选择和生产发展过程中,逐渐形成了四大产区,即环渤海(辽、冀、京、津、鲁)秋子梨、白梨产区,西部地区(新、甘、陕、滇)白梨产区,黄河故道(豫、皖、苏)白梨、砂梨产区,长江流域(川、渝、鄂、浙)砂梨产区。梨在河南省栽培面积较大、产量较高的地区有宁陵县、方城县、唐河县、西华县、舞钢市、南阳市卧龙区等。

### 三、对立地条件、气候要求

梨树具有适应性较强、分布广、抗旱、耐涝、耐瘠薄、抗盐碱能力强等特点,在丘陵、平原地区均能正常生长结果。以土层深厚、疏松、排水良好的沙质壤土为宜。pH 值在 5.8 ~ 8.5 之间均可生长良好(视砧木种类而异),但以中性为最好。梨树不同种类的抗旱力表现各异,秋子梨、西洋梨比较抗旱,白梨、砂梨则较差。但所有梨的抗涝性都比较强。我国梨产区有“涝梨旱枣”的谚语,但在高温死水中浸泡 1 ~ 2 天梨树即死亡。

不同种类的梨其耐寒力不同。秋子梨能耐 -30 ~ -35 ℃的低温,白梨可耐 -20 ~ -25 ℃的低温,砂梨及西洋梨可耐 -20 ℃的低温。品种不同其抗寒力也有很大的差别。梨树地下根系在土温约 0.5 ℃时开始活动,6 ~ 7 ℃生长新根,21.6 ~ 22.2 ℃生长最快,27 ~ 29 ℃时生长相对停止。梨树花期温度不能低于 10 ℃,14 ℃以上开花较快,24 ℃花粉管生长最快,低于 4 ~ 5 ℃时即受冻。花芽分化以 20 ℃左右气温为最好。梨树开花期较早,在华北地区常因晚霜为害而影响产量。

梨是喜光树种,年需日照时数 1 600 ~ 1 700 小时,一般以一天内有 3 小时以上的直射光为好。树冠郁闭时,内膛小枝易衰弱枯死,花芽也不易形成,所以栽植密度、树冠高度、修剪方法等都要注意梨树喜光的特性。

## 第二节　发展现状与发展空间

### 一、发展现状

一直以来,梨都是中国的优势果品之一,在中国乃至世界的水果市场均占有重要地位。然而,中国作为产梨大国,并非产梨强国,栽培面积和产量虽居世界之首,但单产仅为 953 kg/亩,与发达国家相比相差甚远。2012 年我国梨园面积为 1 633.5 万亩,占全国果园总面积的 9.0%,与 2011 年的 1 629.0 万亩基本持平;梨产量 1 707.3 万 t,占全国水果总产量的 11.3%,比 2011 年增加 8.1%,为第三大水果。河北是我国第一产梨大省,2012 年产量 445.1 万 t,占全国梨总产量的 26.1%。我国梨产量超过 100 万 t 以上的省份还有辽宁、山东、安徽、河南等。在品种构成上,鸭梨和雪花梨是我国两个传统的主栽梨品种。2012 年我国鸭梨产量为 286.3 万 t,雪花梨产量为 271.2 万 t,分别占梨总产量的16.8% 和 15.9%;其他梨品种产量之和占我国梨总产量的 67.3%。据不完全估计,目前酥梨产量约为 320 万 t,是我国产量最多的梨品种,主要分布在安徽、江苏、河南、山西和陕西等省;其他重要品种还有黄冠梨、翠冠梨、库尔勒香梨、黄花梨、南果梨、秋白梨、早酥梨、苹果梨、丰水梨、绿宝石、西洋梨等。

梨产业是河南省果农脱贫致富和振兴农村经济的重要产业。梨产业在河南省农业产业结构调整、发展现代农业、农业增效和农民增收等方面发挥着重要作用。河南省近几年梨园发展较快,主要栽培品种有黄金梨、晚秋黄梨、早酥梨等。目前,河南省梨树产业发展还存在着种植分散、管理技术落后、产品质量不高、产业化水平较低等问题,梨果包装也存在着形式单一、档次偏低、标识不全、品牌宣传不够等问题。针对梨产业发展中存在的问题,结合河南地区梨产业的发展趋势和梨果市场需求,下一步要抓好以下工作:

一是加快梨标准化生产进程,简化管理技术。目前,我国耕作土地面积不断减少且劳动力成本日益增加,梨产业发展迫切要求实现生产的高效化。因此,今后应以良种苗木繁育、矮化密植栽培、高光效整形修剪、肥水一体化、优质花果管理、采后商品化处理、病虫害综合防治等技术为支撑,形成梨标准化生产体系,加快推进梨标准化生产。

二是完善梨果采后商品化处理技术,提高梨果深加工能力。完善梨采后商品化处理和贮藏加工环节,增强梨保鲜和深加工能力,可切实缓解短期梨果难卖问题,提高市场竞争力,增加产品附加值。今后应重视采后处理,逐步普及果实采后进行精选、分级、清洗、打蜡、防腐保鲜、精细包装等商品化处理技术,实施"名牌梨果、品牌包装",突出个性包装,促进梨果贸易,不断适应人们梨果消费观念、消费方式、消费价值观等的变化。鼓励建设中小型气调库,扩大贮藏能力,完善梨果贮藏技术体系建设;培育梨加工专用品种,配备生产线技术和设备,拓展梨深加工空间,扩大市场需求。

三是条件好的地方,适度发展休闲棚架梨园乡村旅游。随着经济的发展、生活水平的提高,人们回归自然的呼声越来越高,保护环境、维护自然的意识不断增强,观光农业和乡村旅游应运而生。适度发展休闲棚架梨园乡村旅游,为梨产业的发展增加新的内容,在新农村建设、调整农业产业结构、增加农民收入、促进城乡和谐和推进城镇化建设等方面发挥积极的推动作用。河南棚架梨园旅游起步晚,规划布局不尽合理、配套设施不全、经营管理水平不高、专业服务人员欠缺等,影响了梨园休闲旅游功能的发挥和效益的增长。今后要在政策支持、科学规划、合理布局、开发新品、创塑品牌、人才培养、加强管理、城乡结合等方面多做努力,使富有特色的棚架梨园尽快成为现代生态旅游业重要的组成部分。

四是筛选适宜河南省栽培的梨树品种。为了进一步确定适宜河南省栽培的梨树品种,应引入梨品种(系),建立品种试验园和中试园。从物候期、果实经济性状、生长习性、结果习性、产量与经济效益、适应性与抗逆性等方面进行筛选研究。选择适合河南省大面积经济栽培的优势品种,在品种配套上,以早熟品种为主,兼顾晚熟品种。

### 二、发展空间

我国目前正处在经济转型时期,随着工业化、城镇化进程加快推进,作为重中之重的"三农"也面临着前所未有的挑战。梨果业发展过程中必须改变传统的管理观念,创新发展模式,以优质、高产、低耗、省力、高效、生态、安全作为发展目标,做到产量与品质并重,才能在竞争中立于不败之地。

随着世界水果产业布局的调整,世界梨生产格局发生显著变化,梨生产重心逐渐向发展中国家转移。发达国家梨的生产无论是产量还是面积总体上呈下降趋势,发展中国家梨产量占全球总产量的比重逐年增加。梨果出口同样向发展中国家转移,梨的主要出口地区欧洲出口量占世界的比重已下降到50%以下。与此同时,中国等发展中国家出口量占世界比重逐步提高,梨生产和出口格局的变化将为我国发展梨果业提供千载难逢的机遇,加快我国梨果业国际化进程是大势所趋,当然国际市场竞争也会变得更加激烈。

## 第三节　经济性状、效益及市场前景

### 一、经济性状

梨树不仅具有经济价值,还具有重要的药用价值、生态价值和观赏价值,在城乡园林绿化中也可广泛应用。

### (一)观赏价值

梨叶多姿多彩,就叶色而言,梨叶有春色叶、秋色叶之分,有的品种嫩叶红色,展叶后转为绿色;有的品种到秋天叶片变为亮黄色、红褐色或紫红色,极具观赏性。梨花洁白芬芳,梨花为伞房花序,两性花,花瓣近圆形或宽椭圆形。阳春时节,梨花满枝,许多地方在梨树花期举办“梨花节”。梨果丰满甜香,果形多样,果色有黄、绿、褐、红以及交错变异等多种。梨果的香气有浓香、芳香、微香、清香等。梨树冠大荫浓,花香果美,每年春回大地、万物复苏的时候,梨树枝头就会开满一簇簇洁白无暇的梨花,宛如一片片白色的云霞。在公园可选择开阔的地方,如草坪边缘、公园池畔、假山下及门口两侧栽几棵梨树,作为点缀,突显梨树的个性美。在城市郊区、休闲农庄种植一片梨园,发展观光果园,梨树树姿优美,富有情趣,人们在休息的时候,带上家人赏赏梨树,摘摘水果,放松放松心情。梨树融赏花、观果、品景于一体,已经成为一种具有极高艺术欣赏价值的果树。

### (二)食用价值

梨是我国主要水果之一,素有“百果之宗”的美誉。每逢天干物燥的秋天,吃上清润解热的秋梨,真是别有风味。虽然梨的营养价值与苹果差不多,但因富含果汁而特别令人喜爱。据分析,除含有80%以上的水分外,含多种糖类达8% ~15%,有些品种的可溶性固形物含量可达15%以上,含酸量仅有0.16%。还含有游离酸、果胶物质、蛋白质、脂肪及钙、铁、磷等矿物质,各种维生素和微量元素。根据分析,新鲜梨果每100 g可食部分所含的各种营养成分为:蛋白质0.1 g,脂肪0.1 g,碳水化合物12 g,钙5 mg,磷6 mg,铁0.2 mg,胡萝卜素0.01 mg,硫胺素0.01 mg,核黄素0.01 mg,尼克酸0.2 mg,抗坏血酸3 mg。这些物质都是人体所不可缺少的,对维持人们的身体健康均有一定的作用。

梨的果肉脆嫩,汁多,酸甜可口,有的还具有芳香,风味极佳,深受广大消费者欢迎。不论男女老少,包括病人和孕妇吃了都大有裨益。所以,民间有句谚语说:“一颗荔枝三把火,日食斤梨不为多。”梨果除可供生食外,还可加工制作梨干、梨脯、梨膏、梨汁、梨罐头,并可酿酒、制醋。另外,我国人民还有煮梨(河南、山东)、烤梨、炒梨(江西)、冰糖炖梨等各种食法。

### (三)药用价值

梨是水果中的佳品,也是治病的良药。几千年来,中医一直把梨作为生津、润燥、清热和化痰的良药。对热性病的烦渴、咳嗽、喉痛、失音、眼赤肿痛、大便不通等症,也有良好的疗效。梨可以生食、生榨汁液,也可炖煮或与其他中药一起熬成“雪梨膏”。据现代医药研究,梨有清热、镇静等功效。高血压病人出现心胸烦闷、口渴便秘、头目昏晕等症,心脏病人出现心悸怔忡、失眠多梦等症状,梨都可作为良好的辅助治疗果品。梨含有丰富的糖类及多种维生素,肝炎、肝硬化患者吃梨大有益处。梨与苹果、胡萝卜、香蕉等制成的果汁是秋季良好的保健饮料。

### (四)经济价值

梨对土壤的适应能力很强,不论山地、丘陵、沙荒地、洼地、盐碱地和红壤地,都能生长结果。在一般栽培管理条件下,可获得高产。梨树寿命长,经济利用年限久。我国南北各地梨区,100 ~150年生的大梨树很多,这些百年以上的大树,不仅仍然枝叶繁茂,而且硕果累累,有的单株产量可达1 000 ~1 500 kg以上。由于梨树具有上述一些优点,因此它对发展农村多种经营,充分利用当地土地资源,因地制宜发展农业生产,增加农民收益,提高人民生活水平,具有重大意义。在我国许多梨产区内的重点乡镇,梨果生产的收入在整个农业收入中所占的比重很大。

**(五)木材价值**

梨树木纹平直,纹理密集整齐;心材呈桃褐色,边材的轮廓不明显;材质重,坚硬,较结实,不易碎裂;强度中等,韧性较低;耐用性好,不易翘曲变形,抗腐蚀性低;由于其木纤维排列整齐,无论采用何种角度的工具进行切割,都能收到较好的效果。车削、雕刻和抛光的性能尤其出众,上色、表面处理的性能都特别好,在多种车削制品如工具把手、刀具把手、雨具把手和保龄球等领域都有较高的价值。经切片成为装饰用单板,用于橱柜和镶板等细木制品,还用于度量尺、雕刻排版、印刷和乐器等领域。

**(六)生态价值**

作为一种多年生经济林木,梨树除能产生巨大的经济效益外,还具有显著的生态效益。梨树郁闭性好,对林下土壤有较强的保持能力;梨树耐盐碱性强,是进行土壤改良和改善生态环境的优良树种。栽培梨树可以防风固沙、防止水土流失、调节空气质量、减少环境污染等,具有良好的生态效益和社会效益。

### 二、效益

梨园的产量、效益因品种、管理好坏而定,一般梨园,若管理到位,三年生的树每亩可达到500~1 500 kg;四年生的树每亩可达到1 000~3 000 kg,盛果期每亩可达到3 000~5 000 kg,市场价为2~6 元/kg。种植梨园增加了果农的收入,使部分果农脱贫致富,走上致富之路。

### 三、市场前景

国内梨市场供应充足,梨总产量的约97%供应国内消费。我国鲜梨人均占有量高于世界人均水平。随着人民生活水平的提高,消费者对梨质量要求不断提高,外观漂亮、色泽鲜美、口味脆香的优质鲜梨受到消费者的青睐,特色梨和名、优、新品种梨供不应求。同时,梨的营养保健价值被越来越多的人所认识,市场对梨汁、梨罐头、梨膏等加工品的需求也在不断上升。近年来,国内梨的需求量增长较快,年均增速超过4%。据有关专家预测,随着我国人口增加,居民收入和生活水平的提高,未来几年国内对梨的消费需求至少仍将保持4%的增长速度。

## 第四节　适宜栽培品种

### 一、早酥

早熟品种。由中国农业科学院郑州果树研究所选育,果实大型,平均单果重250 g,最大单果重480 g,卵圆形或长卵形;果皮黄绿色,果面平滑,果点小,外观美丽;果肉白色,肉质细,酥脆爽口,石细胞少,汁液特多,风味酸甜,品质上等,果实不耐贮藏,最适食用期1个月,南阳市7月下旬果实成熟。

### 二、黄金梨

韩国中晚熟品种。树冠较小,树姿较开张,幼树生长势强,果实圆形,平均单果重300 g,

最大果重 500 g。果形端正，果肩平。成熟时果皮黄绿色，果皮极洁净，果点大而稀。果肉白色，稍软而多汁，果核小，石细胞极少，可食率达 95%，糖度 14.5% ~17.3%。清甜而具香气，风味独特，品质极佳。果实在 8 月底 9 月初成熟，较耐贮藏。

萌芽率低，成枝力较弱，有腋花芽结果特性，易形成短果枝，结果早，丰产性好。新建园，第 3 年每亩产量 500 kg 左右，第 4 年每亩产量 1 000 kg 左右。该品种花器发育不完全，花粉量极少，需异花授粉。果实 8 月底 9 月初成熟，果实发育期 150 天左右。果实、叶片抗梨黑斑病、黑星病能力较强。

### 三、晚秋黄梨

树势较弱，树冠较小，树势直立，枝条细弱，萌芽率高，成枝力中等，属于密植型品系。前期以腋花芽结果为主，3 年后以短果枝结果为主。果形扁圆，果个大，平均单果重450 g，最大 1 600 g；汁味甜，具哈密瓜的香味；可溶性固形物含量 15% 以上；果皮薄，黄褐色，套袋后淡黄色；果点大但不明显；果肉白而致密，石细胞少，清脆可口；极耐贮藏，自然条件下可存放 80 天以上。

花芽萌动 3 月中旬，初花期 4 月 5 日，盛花期 4 月 8 日，花期 14 天左右。4 月下旬展叶，7 月中旬至 8 月中旬为果实膨大期。10 月上旬成熟。从盛花期到果实成熟 145 天左右。11 月中下旬落叶。抗逆性较强，抗风性强，抗旱、抗涝、抗轻度盐碱。但过度干旱易造成次年成花量减少、果个小、产量低等。幼树期易遭受梨瘿蚊危害。

### 四、丰水

日本品种。果实较大，平均单果重 250 g，最大果重 550 g，扁圆形；果皮淡黄褐色，果面粗糙，果点突出，果心中大；果肉淡黄色，肉质细脆，汁液多，风味甜香，品质上等，石细胞少；较耐贮运，室温下可贮放 20 ~30 天，郑州地区 8 月中旬果实成熟。

### 五、红香酥

由中国农业科学院郑州果树研究所选育，果实长卵圆形，平均单果重 220 g，最大果重 480 g，果面光滑着鲜红色晕，果点中大而密，外观美丽，果肉较细，石细胞少，汁液多，果心小，果肉淡绿白色，肉质酥脆，味香甜可口，品质极佳，果实耐贮藏，常温下可贮藏 2 个月，冷藏条件下可贮藏至翌年 3 ~4 月。南阳市 8 月底 9 月初果实成熟。

## 第五节　组装配套技术

### 一、育苗

#### （一）砧木种子的采集与处理

杜梨又名棠梨，生长旺盛，根深，适应性强，抗旱，耐涝，耐盐碱，为我国北方梨区的主要砧木。砧木种子必须充分成熟，一般当种皮呈褐色时，即可采收，采集时间为 9 月下旬至 10 月上旬，种子采集过早，发芽率很低，防止“采青”是提高砧木种子质量的一项关键措施，采集后要及时除去杂物，堆积倒翻，果肉变软后，用清水漂洗，淘出种子，晾干簸净，收藏待用。

### （二）育苗地选择

一般都要求交通方便，土壤肥沃，水源充足，排灌良好，无传染性病虫害。

育苗地要注意轮作，一般3年内不能重茬，否则苗木生长发育不良，嫁接后成活率低，苗圃最好进行秋翻，深度20～30 cm，并结合翻耕施入基肥，春季解冻后作畦播种。

### （三）播种

种子沙藏处理，12月底、1月初把杜梨用水浸泡后，捞出挖沟沙藏，种子与沙的比例为1:(3～5)，春季种子露白，即可播种。

播种时间淮河流域一般为3月上中旬。春季灌足底水，整地作畦，然后用耧或开沟器开沟，畦宽90 cm左右，每畦2行，行距50～60 cm，沟深4～5 cm，开沟后，用粗木棍将沟底弄平，并把沟内翻出的土块敲碎，如果土壤墒情不好，可提壶浇水后再播。播种时种子可分两次播入，这样可使种子均匀分布在沟内，一般播种量为每亩1～2 kg，种子发芽率低的可适当增加播种量，播种后用平耙封沟，覆土2 cm左右，多余的土块、杂物耧出畦外。

### （四）嫁接

#### 1. 嫁接时间

嫁接时间，5月上旬至9月中旬均可，避免雨天进行。在具体操作时，要根据接穗和砧木发育程度来安排。标准是：砧木粗度应达到0.5 cm以上，发育健壮；接穗为当年新发的未木质化或半木质化的枝条。接穗的保管：剪下的接穗立即去叶，包裹于湿布中，及时嫁接。如接穗当天用不完，可将其裹于湿布或湿麻袋中，置室内阴凉处。

#### 2. 嫁接方法

嫁接方法有嫩枝接、“T”形芽接、嵌芽接、方块芽接、切接等。

1）嫩枝接

嫩枝接是用当年萌发半木质化的嫩枝作接穗的一种枝接方法，砧木多用嫩枝，在生长季节进行，从5月初至8月上中旬都可进行，但以早进行为好。

用快刀片将接穗切成单芽段，置于装有凉水的水桶中保湿。嫁接时在芽上方2～2.5 cm处平削，在芽下方0.5～0.8 cm处从芽的两侧向下削成两个斜削面，长2.5～3.0 cm；将砧木新梢从20～30 cm处的节间剪断，在中央垂直向下开长2.5～3.0 cm的切口，将接穗插入砧木的切口，使两者形成层对齐，用薄膜条包扎嫁接口，仅留接芽于外面。

2）“T”形芽接

削芽：左手拿接穗，右手拿芽接刀。选接穗上饱满芽，先在芽上方0.5 cm处横切一刀，切透皮层，横切口长0.8 cm左右。再在芽以下1～1.2 cm处向上斜削一刀，由浅入深，深入木质部，并与芽上的横切口相交。然后用右手抠取盾形芽片。

开砧：在砧木距地面5～6 cm处，选一光滑无分枝处横切一刀，深度以切断皮层达木质部为宜。再于横切口中间向下竖切一刀，长1～1.5 cm。

接合：用芽接刀尖将砧木皮层挑开，把芽片插入“T”形切口内，使芽片的横切口与砧木横切口对齐嵌实。

用塑料条捆扎：先在芽上方扎紧一道，再在芽下方捆紧一道，然后连缠三四下，系活扣。注意露出叶柄，露芽不露芽均可。

### （五）嫁接后的管理

1. 检查及补接

嫁接后 7 ~ 15 天，即可检查成活情况，芽接接芽新鲜，叶柄一触即落者为成活；枝接者需待接穗萌芽后有一定的生长量时才能确定是否成活。成活的要及时松绑，未成活的要在其上或下补接。

2. 剪砧

夏末和秋季芽接的在翌春发芽前及时剪去接芽以上砧木，以促进接芽萌发，春季芽接的随即剪砧，夏季芽接的一般 10 天之后解绑剪砧。剪砧时，修枝剪的刀刃迎向接芽的一面，在芽片上 0.3 ~ 0.4 cm 处剪下。剪口向芽背面稍微倾斜，有利于剪口愈合和接芽萌发生长，但剪口不可过低，以防伤害接芽。

3. 除萌

剪砧后砧木基部会发生许多萌蘖，需及时除去，以免消耗养分和水分。去除过晚会造成苗木上出现伤口而影响苗木的质量。

4. 松绑与解绑

一般接后新梢长到 30 cm 时，则应及时松绑，否则易形成缢痕和风折。若伤口未愈合，还应重新绑上，并在 1 个月后再次检查，直至伤口完全愈合再将其全部解除。

5. 摘心

梨树品种多数成枝力低，为了增加副梢，扩大叶面积，摘心宜早不宜迟，一般宜 6 月上旬摘心。

6. 断根

应在芽接成活后进行，以 8 ~ 9 月最为适宜。断根的工具一般采用断根铲，下铲位置在距离苗木 20 cm 处，成 40°角，用力插，即可将主根切断，断根后及时浇水、中耕。

7. 肥水管理

春季剪砧后，应及时加强肥水管理，苗高 30 cm 时，结合浇水，每亩追施尿素 5 ~ 10 kg。

## 二、建园

### （一）园地选择与栽植密度

要求园地土层深厚，透气良好，有机质含量较高，并要有水浇条件，壤土、沙壤土均可。土壤黏重、土层薄的地块不宜栽种梨。以株行距 2.5 m×3 m 或 2 m×3 m，每亩栽 100 株左右，南北行为宜。

### （二）授粉树配置

黄金梨雌蕊发达，雄蕊退化，花粉少，建园时必须配置 2 个以上品种作授粉树，授粉树比例以 5∶1为宜。一般的白梨系品种和砂梨系品种的花粉授粉效果都较好。授粉树最好选经济效益高、花期一致的品种，如翠冠、黄花、丰水、水晶、二十世纪等。授粉品种一行中，共分两个品种，其排列为 2∶2或 4∶4。

### (三)选择壮苗、科学定植

定植选择根系完整、苗高80 cm以上的壮苗栽植,按株行距要求拉线、定穴。栽植穴深40 cm左右,每穴施入土粪50 kg和三元复合肥0.5 kg左右。将苗木放入穴内,要求接口朝向主风向,根系在穴中部自然伸展,尽量不盘结,将苗木扶直,使其纵横成行,然后填土,随填土随晃动树苗,使根系和土壤密接,边填边踏实,踩实后,树体周围地面稍高于原地平面,苗木埋土深度以高出苗木上的原埋土痕迹3~5 cm为准,不宜过浅,也不可过深,更不能埋到嫁接口,栽植过浅,根系裸露,成活率低;栽植过深,树体萌芽晚,发芽后树体生长势弱。栽后灌透定植水。浇水2天后整理树畦,覆盖地膜。定干高度70 cm。苗高不足70 cm的,保留苗的顶芽,不定干。为防树苗失水抽干,害虫为害新发的梨芽,可套宽7~8 cm、长30~35 cm的一头封闭的塑膜袋。树苗在袋内发芽2~3 cm时,将袋口剪去一角透风。5~6天后,将袋的顶部完全剪开,并由上至下将袋剪开1/3左右,翻扯到绑绳下面,呈倒喇叭口状,可防止地下害虫上树食叶芽。

## 三、土肥水管理

### (一)深翻扩穴

梨树根系分布的深浅与土层深浅关系很大,土层浅薄或地下水位过高时,根的垂直生长明显受到抑制。因此,梨园土壤每年要深翻扩穴,并结合施用有机肥料,为根系创造良好的生长条件。成年梨园深翻改土,应外深内浅,少伤粗根,可结合施基肥进行。密植梨园由于个体根系容量小,群体根系密度大,冠矮枝密,耕作困难,须在建园时做好深翻改土工程。

### (二)间作套种、中耕除草

幼年梨园,果树行间可种植豆科植物、中药材等矮秆作物,树盘周围进行中耕翻土,夏秋干旱季节进行松土或覆盖。覆盖能预防土壤水分蒸发,减少杂草,降低土壤温度,改良土壤湿度状况。成年梨园采取种植绿肥、清耕休闲等措施。种植绿肥对果园降温有显著效果。深翻可改良土壤,提高肥力。当果树行间光照已经恶化,绿肥生长不良时,则应全年清耕休闲,铲除杂草,改善土壤理化性状。

### (三)施肥

定植当年5月下旬株施尿素100 g,秋季每亩施优质有机肥3 000 kg、三元复合肥50 kg,施肥宜开深20~30 cm放射状沟,切忌全面翻刨树盘,破坏浅层根系。第2年春天发芽前株施尿素200 g,5月下旬株施三元复合肥0.5 kg,秋季每亩施优质基肥4 000 kg、三元复合肥50 kg、硫酸锌25 kg。

进入结果期,每年春天发芽前株施尿素300 g,花后株施三元复合肥1 kg,果实膨大期追施三元复合肥1.5 kg,生长季节结合喷药根外追肥5次以上。萌发前用3%尿素溶液喷干枝,花期连喷2次0.3%硼砂溶液,6月以前以喷尿素溶液为主,6月以后每隔15~20天喷一次0.3%磷酸二氢钾加0.2%尿素溶液。秋季每亩施优质有机肥4 500 kg、三元复合肥60 kg、硫酸锌30 kg。

### (四)灌溉和排水

梨树的需水量较大,生长期雨量分布不均的地区需灌溉,才能保证丰产。果实膨大期土壤湿度保持在60% ~80%，低于60%时应灌水，微灌、滴灌最好。干热风季节及7~8月高温季节，常有干旱发生，引起叶片萎蔫和落果，这时应保证及时灌溉。缺乏灌溉条件的梨园，则应加强保墒措施，如采取果园覆草、铺地膜等。在落叶后连同落叶腐草结合施肥全部埋入施肥沟内，浇一次透水，早春发芽前浇一次萌芽水，平常结合施肥浇水。

梨树虽较耐水分，但土壤中水分过多，排水不畅，会使根系活动衰弱，植株生长受阻，甚至死亡。雨季要及时排涝，降低地下水位。

## 四、树体管理

### （一）整形

梨树干性强，有直立生长特性。应培养牢靠的中心骨架和弹性较强的结果部位于一体的三主枝改良纺锤形，或一般纺锤形。单株主枝（大型结果枝组）数量12~15个，主枝全部单轴延伸，保持60°~70°的角，中小型结果枝全部拉成水平。

### （二）修剪

#### 1. 幼龄树修剪

幼龄树适当轻剪，背上旺枝拉平后短截可形成大量的饱满花芽，果个大、品质好，应充分利用；背后枝结的果个小，应及时疏除；适当疏除徒长枝、竞争枝。对单轴延伸的小主枝春季修剪采取小破头（剪去2~3芽），结合刻芽办法，促使主枝中后部多发中短枝。剪口下发生的新枝，第一梢用作延长枝，第二梢生长势强，可疏除，避免前端生长量过大。刻芽多要刻枝条两侧的芽，不刻底部芽，离中心干30 cm内不刻芽。

#### 2. 盛果期树修剪

进入盛果期，生长季节随时疏除徒长枝、竞争枝，夏秋季及时调整背上枝角度。冬季修剪仍以疏枝、调角度为主。根据黄金梨成花容易，连年结果后树势易衰弱，一般枝组结果2年后果实品质下降的特点，应注意充分利用背上枝拉平后培养成结果枝，并注意在适当部位培养预备枝。

#### 3. 大树高接换种技术

白梨、砂梨系统的多数品种都可以改换黄金梨。大树改接，首先要确定改成什么树形，然后根据树形要求，选定骨干枝和换头枝。对换头枝锯去原头，选粗度适宜的接穗进行嫁接。接穗用一年生枝条。冬季或春季剪取芽体饱满的枝条，贮于冷库或在背阴处挖沟培沙贮藏。3月下旬进行多头嫁接。一般5年生以下树，每株接5~10芽；5~10年生树，每株接10~20芽；10~20年生树，每株接30~40芽；30年生以上大树，每株接40~60芽。在锯口处，用皮下接，光秃部分用皮下腹接，细砧木用切腹接。接头芽数根据接的部位和砧木的粗度而定。皮下接、腹接应在形成层活动（离骨）时进行，接单芽；锯口处皮下接可接2~3个芽。接好后，用10~20 cm宽的地膜，将接芽全部包扎紧封好。注意包扎接芽部位一定要包单层地膜，否则接芽不能自行破膜出芽。个别芽不能破膜顶出的，后期可用大头针在芽上挑一下。嫁接后，要及时抹去砧木上的萌芽。新梢长到30 cm左右时，绑防风杆；6月中旬，解除嫁接时的缚扎膜；7月新梢长到约80 cm时，引缚角度45°~60°，当年可形成腋花芽，翌年结果。

## 五、花果管理

### (一)人工辅助授粉

品种单一、授粉树不足或配置不当的梨园,常常坐果率较低,应尽早补栽授粉树,或高接授粉品种枝条。作为临时性措施,可进行人工辅助授粉,或在花期树上挂插花枝(罐内盛水,将授粉花枝插于罐内,挂于树上)。此外,花期天气不良时,也可人工辅助授粉。花粉采集宜在 20 ~ 25 ℃温度条件下,然后置阴凉干燥处保存。人工授粉以梨始花 3 天内的效果最好,全树前后不过 1 周左右。一般授粉后 3 小时遇雨,影响不大。

### (二)疏花疏果

梨树自花结实率低,盛果期花量常过大,在配置授粉树的情况下,坐果率又高,易导致结果大小年现象的发生。疏花疏果是调剂生长与结果,防止大小年,增大果实,达到丰产稳产的有效措施。与疏果相比,疏花更有利于促进梨叶面积的早期形成。疏花在花序分离期到初花期进行,包括疏花序和疏花朵。在花蕾分离期按 25 cm 间距保留花序,每花序保留 1 个中心花蕾和 1 个边花蕾,疏去过多的花序和边花蕾。弱枝花芽长不出好果,应尽早疏除。盛花期喷 0.3% 硼砂溶液。授粉树配备适当时,一般自然授粉坐果率较高。疏果从谢花后两周开始,到 5 月中旬左右完成。每花序只留 1 果,叶果比 40∶1,果间距 25 ~ 30 cm,盛果期每亩产量控制在 2 500 kg 以内。

### (三)果实套袋

套袋是生产高档果的一项关键技术措施,不套袋果皮粗糙难看。要将经过疏果后留定的果实,一个不漏地全部套上标准较高的双层纸袋,目前应用较多的是爱果牌双层梨袋。套袋前喷布 70% 甲基托布津可湿性粉剂 800 倍液加 20% 灭多威可湿性粉剂 1 000 倍液 1 次,待药液晾干后开始套袋。套袋时间越早越好,尽可能减少外界对果实的刺激。采收前 10 天左右,将袋的底部撕开,果面可变成金黄色,还可减轻果实贮藏期失水皱皮。

## 六、采收、贮藏

### (一)采收

梨的采收期依品种而异。一般早熟品种宜在八成熟时采收,以便运输和短期贮藏;晚熟品种在充分成熟时采收,可以提高品质和贮藏力。

### (二)贮藏

梨的贮藏温度最好能保持在 1 ~ 5 ℃,空气相对湿度保持在 85% ~ 90%。梨果贮藏期间,最易发生青霉病、褐腐病和轮纹病,引起烂果。采收、运输过程中注意避免果皮损伤,选果时注意选无损伤的梨果贮藏,果实消毒、包纸,均可减少发病和传病。

## 七、主要病虫害防治

重点防治梨锈病、梨黑星病、梨黑斑病、梨轮纹病、梨树腐烂病、早期落叶病和梨木虱、食心虫、梨实蜂、红蜘蛛、蚜虫等病虫害。

### (一)主要病害及防治

1. 梨锈病

梨锈病又名赤星病、羊胡子,是梨树和桧柏上的重要病害之一,既属于果树病害,也属于花卉病害。我国梨产区均有分布,梨园附近有桧柏栽培的地区发病严重。

叶片受害时,起初在叶正面发生橙黄色、有光泽的小斑点。后逐渐扩大为近圆形的病斑,病斑中部橙黄色,边缘淡黄色,最外面有一层黄绿色的晕,直径为4~5 mm,大的可达7~8 mm,表面密生橙黄色针头大的小粒点。病斑组织逐渐变肥厚,叶片背面隆起,正面微凹陷,在隆起部位长出灰黄色的毛状物。一个病斑上可产生十多条毛状物。后来先端破裂,散出黄褐色粉末。病斑以后逐渐变黑,叶片往往早期脱落。

幼果受害时,初期病斑大体与叶片上的相似。病部稍凹陷,病斑上密生初橙黄色后变黑色的小粒点。后期在同一病斑的表面,产生灰黄色毛状物。病果生长停滞,往往畸形早落。

新梢、果梗与叶柄被害时,病部呈橙黄色并膨大呈纺锤形,初期病斑上密生初橙黄色后变黑色的小粒点。后期在同一病斑的表面,产生灰黄色毛状物。最后,病部发黑,发生龟裂。叶柄、果梗受害引起落叶、落果。新梢被害后病部以上常枯死,并易在刮风时折断。

防治方法:

(1)严格检疫,严禁从病区引进苗木和接穗。

(2)清除转主寄主。彻底砍掉梨园四周5 km以内的桧柏、龙柏等转主寄主,是防治梨锈病最彻底有效的措施,因为梨锈病担孢子传播范围一般在1.5~5 km内。同时,在梨园周围进行绿化时,不要使用桧柏、龙柏等。

(3)喷药保护。梨树发芽期喷0.3%五氯酚钠混合1波美度石硫合剂效果很好,隔10~15天再喷一次即可;梨树上喷药,应在梨树萌芽期至展叶后25天内进行。药剂可用1:2:(160~200)波尔多液,或65%代森锌可湿性粉剂500倍液,或20%萎锈灵可湿性粉剂400倍液。此外,15%粉锈宁乳剂2 000倍液,对防治梨锈病有极好的效果。

发病初期即发病有橙色光泽小斑(3月底4月初)时施药防治,每隔10~15天一连喷2~3次即可。药剂种类:25%福星乳油5 000~8 000倍液,10%世高水分散粒剂3 000~5 000倍液;在中间寄主冬孢子角变软呈水渍状时,喷洒1:2:200倍波尔多液,或30%绿得保胶悬剂300~500倍液,或0.3~0.5波美度石硫合剂,但在梨树盛花期不要用波尔多液,以免产生药害。

2. 梨黑星病

主要为害叶片、叶柄、新梢、花器、果实等梨树地上部所有绿色幼嫩组织。其主要特征是病部形成明显的黑色霉层,很像一层霉烟。叶片染病后先在叶正面发生多角形或近圆形的褪色黄斑,在叶背面发生辐射状霉层,小叶脉上最易着生,病情严重时造成大量落叶。新梢染病初生梭形病斑,后期病部皮层开裂,呈皮状的疮痂。幼果染病大多早落或病部木质化形成畸形果。大果染病形成多个疮痂状凹斑,常发生龟裂。

病菌以分生孢子和菌丝在病芽鳞片、病枝、病果、病叶或病菌以菌丝团或子囊壳在落叶上越冬。病菌的孢子主要靠雨水冲刷传播,在梨园中蔓延。病芽梢是梨黑星病早期主要侵染源。湿度是影响该病发生与流行的重要条件。春雨早且偏多,病害就重。干旱年份则发病较轻。梨树在较低温度条件下抗病力弱。此外，地势低洼，树冠茂密，通风不良，湿度大或树势衰弱等都易发生黑星病。

防治方法：

(1)处理越冬病菌。秋末冬初清园，深埋落叶和落果。

(2)芽萌动时喷药。梨树将要萌芽时喷布 1 ~ 3 波美度石硫合剂或用硫酸铵 10 倍液进行淋洗式喷洒。选择渗透性更强的铲除性药剂，效果可能更好。

(3)经常注意果园卫生。发芽前彻底清扫果园，把落叶、落果清理干净，集中深埋或烧毁；发芽后在检查、摘除病梢的同时，发现病叶、病果也要彻底摘除并集中深埋。

(4)搞好预测预报。首先要预测流行情况，以便做好全年防治计划。前一年发病较重，当年 4 月下旬至 5 月中旬病梢较多，气象预报当年雨水多而早，可能是大流行年；前一年发病较轻，当年病梢较少，但气象预报当年雨水早而多，或者病梢较多，但当年预报雨水晚而少，可能是中度发生年；前一年病很轻，当年到 5 月初仍然难以找到病梢，而且气象预报当年较干旱，可能是轻度发生年。

(5)适时喷药。花前喷40%杜邦福星乳油1 000 倍液，出现病斑后喷杜邦新万生可湿性粉剂 600 ~ 800 倍液，或 12.5%速保利粉剂 5 000 倍液，或波尔多液(1∶1∶160 或 1∶3∶320)和 65%代森锌可湿性粉剂 500 ~ 700 倍液。另外，可喷 50%退菌特可湿性粉剂 600 ~ 800 倍液，或 80%碱式硫酸铜 600 ~ 800 倍液，或在 5 月上旬和 7 月上旬各喷一次 12.5%特谱唑 2 000 倍液。

3. 梨黑斑病

侵害梨的叶片、新梢、花及果实。幼嫩叶片最易染病，开始现针尖大小黑斑，后扩大至 1 cm 大小，近圆形，微带有淡紫色轮纹，遇潮湿条件，表面生黑色霉层，即分生孢子梗和分生孢子。叶上病斑多时合并为不规则大斑，引起叶片早落。成叶染病，病斑淡黑色、褐色，微显轮纹，直径可达 2 cm 左右，上生黑霉，一年生新梢染病，病斑初为黑色圆形小斑，逐渐扩大，略凹陷，上生黑霉，果实长大时，果面发生龟裂，裂缝可深达果心，病果往往早落，有的病果长霉不多，系由细菌侵入所致。

病菌以分生孢子及菌丝体在病叶、病果、病枝上越冬。翌春分生孢子借风、雨传播，后又产生分生孢子进行再侵染。一般气温在 24 ~ 28 ℃，同时连续阴雨时，有利于黑斑病的发生与蔓延。气温达到 30 ℃以上，并连续晴天，则病害停止蔓延。此外，果园肥料不足，或偏施氮肥，地势低洼，排水不良，植株过密等，均有利于此病的发生。生长势旺盛的梨树发病少，缺少有机质、修剪整枝不合理、虫害多、通风透光差的梨树往往发病重。

防治方法：

(1)做好清园工作。果树萌芽前剪除有病枝梢，清除果园内的落叶、落果，并集中深埋或烧毁。

(2)加强栽培管理。应根据各地具体情况，在果园内间作绿肥或增施有机肥料。对于地势低洼、排水不良的果园，应做好开沟排水工作。在历年黑斑病发生严重的梨园，冬季修剪宜重。发病后及时摘除病果。

(3)套袋。套袋时间一般在 5 月上中旬以前。当普通纸袋制成后，再在外面涂一层桐油，晾干后套用桐油纸袋。

(4)喷药保护。梨树发芽前,喷一次0.3%五氯酚钠与5波美度石硫合剂混合液。在果树生长期,喷药次数要多一些,在4月下旬至7月上旬,都要喷药保护。前后喷药间隔期为10天左右,共喷药7~8次。为了保护果实,套袋前必须喷一次,喷后立即套袋。开花前和开花后,结合防治梨锈病,各喷一次1:2:(200~240)波尔多液或3波美度石硫合剂;落花达70%时喷50%果病灵可湿性粉剂800倍液;12天以后喷波尔多液(1:2:250),以后两种药剂交替使用,12天喷一次,效果好;或从5月中下旬开始,喷波尔多液1~2次,间隔20天左右,也可用50%代森铵水剂1 000倍液,或65%代森锌可湿性粉剂500倍液;或50%退菌特可湿性粉剂600~800倍液、扑海因可湿性粉剂1 500倍液、10%多氧霉素1 000~1 500倍液交替使用。花期前后及接近果实成熟期,适宜应用多氧霉素50~100 mg/L,梅雨期则用敌菌丹1 000~1 200倍液为好。喷药最好在雨前进行。

(5)低温贮藏。采用低温贮藏(0~5 ℃),可以抑制黑斑病的发展。

4. 梨轮纹病

主要为害枝干和果实,较少为害叶片。侵害果实引致果腐损失严重。侵染枝干,严重时大大削弱树势或整株枯死。果实染病多在近成熟和贮藏期发生。从皮孔侵入,生成水浸渍褐斑,很快呈同心轮纹状向四周扩散,几天内致全果腐烂。烂果多汁,常带有酸臭味,叶片受害,产生近圆形病斑,同心轮纹明显,呈褐色。后期色泽较浅并现黑色小粒点。叶片上病斑多时,引起叶片干枯早落。

病菌以菌丝体或分生孢子器及子囊壳在病枝干上越冬,翌年4~6月在病组织菌丝体上产生孢子,成为初侵染源。分生孢子主要借雨水传播,飞溅范围约10 m,病菌在清水中也可萌发,多从孔口侵入,经24小时即完成侵入。病菌从幼果期开始侵染,可一直持续到采收。当气温在20 ℃以上,相对湿度在75%以上或降水量达10 mm时,或连续下雨3~4天,病害传播很快。

防治方法:

(1)建立无病苗圃,实施苗木检验。

(2)新建果园时,应进行苗木检验,防止病害传入。苗圃位置应与果园有较远的距离,在苗木生长期间,经常喷药保护,防止发病。苗木出圃时必须进行严格的检验,防止病害传到新区。

(3)清除越冬菌源。刮治枝干病斑,发芽前将枝干上轮纹病斑的变色组织彻底刮干净,然后喷布或涂抹铲除剂。病斑刮净后,涂抹下列药剂均有明显的治疗效果:托布津油膏,即70%甲基托布津可湿性粉剂2份加豆油5份;多菌灵油膏,即50%多菌灵可湿性粉剂2份加豆油3份;粉锈灵油膏,即20%粉锈灵乳油1份加豆油1份;用100倍抗菌402液消毒伤口。另外,用5波美度石硫合剂涂抹也有较好效果。彻底剪除枯死枝,可减少病菌来源。

(4)注意苹果轮纹病防治。苹果轮纹病菌可以为害梨,对距梨园较近的苹果园或梨园中混栽的苹果树的轮纹病必须彻底防治。

(5)药剂防治。发芽前喷一次0.3%~0.5%五氯酚钠和3~5波美度石硫合剂混合液,或单用石硫合剂,或二硝基邻甲酚2 000倍液,可以杀死部分越冬病菌。如果先刮老树皮和病斑再喷药,则效果更好。

生长期喷药保护：常用药剂有50%多菌灵可湿性粉剂800～1 000倍液、50%退菌特可湿性粉剂600～800倍液、90%霜霉净（乙磷铝）原粉800～1 000倍液、1∶2∶（240～360）波尔多液、50%甲基托布津可湿性粉剂500倍液、80%敌菌丹可湿性粉剂1 000倍液。喷药的时间是从落花后10天左右（5月上中旬）开始，到果实膨大结束（8月上旬至中旬）。喷药次数要根据历年病情、药剂的残效期长短及降雨情况而定。早期喷药保护最重要，所以重病果园应及时进行第一、二次喷药。一般年份可喷药4～5次，即5月上中旬、6月上中旬（麦收前）、6月中下旬（麦收后）、7月上中旬、8月上中旬。如果早期无雨，第一次可不喷，如果雨季结束较早，果园轮纹病不重，最后一次亦可不喷。雨季延迟，则采收前还要多喷一次药。实际喷药时，有机杀菌剂与波尔多液应该交替使用。

采前喷药或采后处理：结合防治梨黑星病，采收前20天左右喷一次内吸性杀菌剂，或采收后使用内吸性药剂处理果实。50%多菌灵可湿性粉剂800倍液、90%乙磷铝原粉700倍液、80%乙磷铝可湿性粉剂800倍液，可用于采前喷药；90%乙磷铝原粉700倍液或仲丁胺200倍液浸果10分钟，可用于采后处理，并可预防其他贮藏期病害。

（6）果实套袋。疏果后先喷一次1∶2∶200波尔多液，而后用纸袋将果实套上。旧报纸袋或羊皮纸袋均可较长时期地保护果实不受侵染。

（7）加强管理，增强树势。加强土肥水管理，合理修剪，合理疏花、疏果。增施有机肥，氮、磷、钾肥料要合理配施，避免偏施氮肥。

（8）低温贮藏。0～5 ℃贮藏可基本控制轮纹病的扩展。

5. 梨树腐烂病

多发生在主干、主枝、侧枝及小枝上，有时主根基部也受害。表现为溃疡型和枯枝型两种类型。

溃疡型：树皮上病组织松软、糟烂，易撕裂，呈水渍状湿腐，按之下陷，并溢出红褐色汁液，有酒精气味，病斑稍隆起，后期干缩，上有小黑点。

枝枯型：多发生在极度衰弱的梨树小枝上。病部不呈水渍状，形状不规则，病斑边缘不明显，蔓延很快，环绕小枝一周使小枝很快死亡，后期也有小黑点。

病菌在树皮上越冬，翌年春暖时活动，产生孢子借风雨传播，从伤口侵入。该病的发生一年有一两个高峰，春季盛发，夏季停止扩展；秋季再次活动，但为害较春季轻。冻害严重、树势衰弱、长期积水的果园发病严重。

防治方法：

（1）壮树防病。合理负担：根据树体的生育状况和施肥水平，确定合适的结果量，不要让树体负担过重，更不要为了近期利益而过多采取拉枝、环剥等增加结果量的措施。要适当疏花疏果，做到结果、长树两不误。增施肥水：在施肥中，要注意增施有机肥，增施磷肥、钾肥和微量元素肥料；同时，不过多偏施氮肥。保叶促根：及时防治造成早期落叶的病虫害，同时还要注意防治各种根部病害。

（2）保护伤口，防止冻害和日灼。梨树枝干的向阳面昼夜温差较大，容易遭受冻害；如果向阳面没有叶片覆盖，夏季容易因日晒而死皮。防止冻害比较有效的措施，一是树干涂白，降低昼夜温差；二是树干捆草，遮盖防冻。常用涂白剂的配方是生石灰12～13 kg，加石硫合剂原液（20波美度左右）2 kg，加食盐2 kg，加清水36 kg；或者生石灰10 kg，加豆浆 3～4 kg，加水 40～50 kg。涂白亦可防止枝干日灼。保护伤口：较大的锯口要削平，然后涂桐油、清漆或托布津油膏、S—921 抗菌剂等保护。较大的病斑治愈后要及时进行桥接并保护。

（3）及时治疗病斑。刮树皮：在梨树发芽前刮去翘起的树皮及坏死的组织，刮皮后结合涂药或喷药。可喷布 50% 福美胂可湿性粉剂 300 倍液，或 1～3 波美度石硫合剂。药剂治疗病斑：刮去病组织后，用 70% 甲基托布津可湿性粉剂 1 份加植物油 2.5 份，或 50% 多菌灵可湿性粉剂 1 份加植物油 1.5 份混合均匀涂抹于病部。也可涂抹 5～10 波美度石硫合剂、S—921 抗菌剂 20～30 倍液、40% 福美胂 50 倍液或 30% 腐烂敌 30 倍液、843 康复剂原液、梧宁霉素发酵液 5 倍液等，以防止病疤复发。对裸露的木质部可涂抹煤焦油或防锈漆；对较大的树干上的病疤及时桥接，尽快恢复树势。刮下的树皮及病枝，应集中烧毁。

**（二）主要虫害及防治**

1. 梨小食心虫

属鳞翅目，小卷叶蛾科。分布很广。它还为害桃、苹果、李、杏、樱桃等果树。

梨小食心以幼虫蛀食梨果和桃树新梢。以梨桃混栽果园受害严重。第一、二代幼虫主要为害桃梢，从桃梢顶端的第二、三叶基部蛀入，使桃枝枯萎，并转主为害。第三代开始转向梨果，多从萼洼或梗洼处蛀入，向果心蛀食，蛀道内充满虫粪，蛀孔周围变黑干腐，稍凹陷。一般一果只有一头幼虫，被害果易腐烂，严重影响果实品质。一年 4～5 代。以老熟幼虫在树干的翘皮裂缝中、树干基部近土处、土隙、果筐、仓库壁缝等处越冬。

防治方法：

（1）建园时尽量避免桃、李等与梨、苹果混栽，已混栽的，则分别明确防治重点，6 月中旬前以桃为主，6 月中旬以后以梨为主。

（2）冬季刮除枝干上的粗皮翘皮，集中深埋或烧毁。

（3）剪除被害桃梢。6 月中旬前，发现桃梢萎蔫，及时从被害部下面剪除，集中烧毁。桃树上尽量用此法。

（4）挂糖醋液诱蛾。成虫发生期在果园内每隔 3～4 株挂糖醋液诱蛾。糖醋液比例为糖∶醋∶水＝1∶4∶16（份），用玻璃罐头空瓶为好。日落后挂出，翌晨取回。

（5）成虫发生盛期用药剂防治。可用 25% 的西维因可湿性粉剂 200 倍液，或灭扫利 1 500倍液，或万灵 3 000 倍液，或灭幼脲 3 号 1 500～2 000 倍液防治。

2. 梨木虱

成虫、若虫多集中于新梢、叶柄为害，夏秋多在叶背取食。若虫在叶片上分泌大量黏液，这些黏液可将相邻两张叶片黏合在一起，若虫则隐藏在中间为害，并可诱发煤烟病等。当有若虫大量发生时，若虫大部分钻到卷叶内为害，为害严重时，全叶变成褐色，引起早期落叶。

河南一年发生 5～7 代。以成虫在树枝上或树皮裂缝、落叶杂草及土隙中越冬。梨木虱的发生程度与湿度关系极大，干旱季节发生重，降雨季节发生轻。

防治方法：

（1）冬季刮粗皮，扫落叶，消灭越冬虫源。

（2）保护利用天敌。保护和利用梨木虱的寄生蜂，如寡节小蜂，该寄生蜂寄生率很高，有时寄生率甚至达到30% ~40%。

(3)3月中旬越冬成虫出蛰盛期喷药，可选用1.8%爱福丁乳油2 000 ~3 000倍液，5%阿维虫清5 000倍液等。

(4)在第一代若虫发生期(约谢花3/4时)、第二代卵孵化盛期(5月中旬前后)，可选用的药剂有10%吡虫啉可湿性粉剂3 000倍液、1.8%阿维菌素乳油(虫螨光)3 000倍液、0.6%海正灭虫灵3 000倍液、28%硫氰乳油2 000倍液等。

3. 梨实蜂

梨实蜂在花萼上产卵，产卵处出现一稍鼓起的小黑点，很像苍蝇粪便。幼虫先在花萼基部蛀食为害，落花后，花萼筒有一黑色虫道。幼果受害，虫果上有一黑色大虫孔，最后果变黑，早期脱落。梨树开花多、坐果少和该虫的发生有密切联系。

一年发生1代，以老熟幼虫在树冠下土内结茧越冬，每年3月中下旬化蛹，4月初成虫羽化。成虫在温度较高的中午前后非常活跃，在阴雨天和早晚活动较少，栖息在花丛中和花托下，有假死性，遇振动坠地。

防治方法：

(1)利用成虫假死性，于清晨和傍晚在树冠下铺一块塑料布，振动树干，使成虫掉落在塑料布上，然后集中消灭。

(2)在为害不重的梨园中，在谢花后3 ~5天内，摘除幼果的花萼，既可消除幼虫，又能使梨果正常发育，但不可操之过晚。

(3)秋季深翻树盘土壤，可消灭一部分越冬幼虫，也可用筛子筛树冠下10 cm深的土，将筛出的虫茧集中烧毁。

(4)梨实蜂出土前期，在树冠下喷洒50%辛硫磷600倍液。在梨花含苞待放时和落花后，及时喷布菊酯类农药3 000倍液。

# 第六章　桃

## 第一节　树种特性及适生条件

### 一、生物学特性

桃(*Prunus persica*(L.)Batsch.)为蔷薇科李属桃亚属落叶小乔木。根系属浅根性,生长迅速,伤后恢复能力强。桃芽具有早熟性,萌发力强,在主梢迅速生长的同时,其上侧芽能相继萌发抽生二次梢、三次梢。但在二次梢、三次梢上,无芽的盲节很多。桃的成枝力也较强,且分枝角常较大,故干性弱,层性不明显,中心主干易早期自然消失,枝条常呈开张状。不同品种间分枝角度不同,形成开张、半开张和较直立的不同树姿。隐芽少而寿命短,其自然更新能力常不如其他树种。

桃花芽容易形成,进入结果期早。树冠中长、中、短各类枝条均易成为结果枝。花芽为纯花芽,在枝上侧生,每一芽内1花。顶芽为叶芽。同一节上着生2芽以上的称复芽,通常为花芽与叶芽并生。结果枝可分为长果枝、中果枝、短果枝和花束状果枝几种。长果枝长31~60 cm,中果枝长16~30 cm,短果枝长5~15 cm,其上除顶芽为叶芽外,其余各节多为单花芽;花束状果枝在5 cm以下,节间甚短,花芽排列紧密,形态与短果枝雷同。不同品种的主要结果枝类型不同,同时随树龄增长,主要结果枝的类型也有变化。

大部分桃树品种能自花结实。但霞晖1号、春秀、仓方早生、沙子早生、朝晖、北农2号、白花、鸡嘴白、五月鲜等品种花粉发育不全,自花不能正常结实。异花授粉能提高结实率。

桃果实生长发育可分三个时期。第一期从开花、子房膨大至核硬化前,果实的体积和重量均迅速增加,这一时期各品种间差异不大,约30天。生理落果分前后两期。前期落果在花后3~4周内发生,主要是由于受精不完全所引起,脱落部位一般发生在结果枝与果梗之间。后期落果是受精幼果的脱落,主要发生在硬核期开始的前后,脱落部位多数在果实与果梗的花托之间。此期正处于植株内的养分转换期,落果与碳水化合物及氮素的供应不足有关,干旱也能促使脱落。但是,如果此期供应的氮素和水分过多,引起新梢徒长,器官间对养分的竞争加剧,同样会导致落果。第二期为硬核期,果实增长缓慢,果核逐渐硬化,此期持续的长短,品种间差异较大,早熟品种仅1~2周,常使胚发育不全,或形成软核;中熟品种4~5周;晚熟品种6~7周。第三期果实增长速度加快,果肉厚度显著增加,直至采收。这一时期各品种间变化很大,但均在果实采收前20天左右,增长速度最快。

### 二、栽培情况

桃原产我国,栽培历史长达4 000年之久。我国是世界上第一产桃大国,桃在我国落叶果树中仅次于苹果和梨,居第三位。桃是世界上分布最广的树种之一,也是深受人们喜爱的世界性大宗果品。桃味甜,丰产,味道鲜美,在河南大部分县区均有栽培,尤以城市郊区、乡镇周边种植较多。

### 三、对立地条件、气候要求

#### (一)立地条件

桃最不耐水涝,适宜于排水良好的壤土或沙壤土上生长。特别在长江流域及其以南地区,坡地栽培比平地更为适宜。土壤也不宜过黏或过肥,否则树体徒长不易控制,且易诱发流胶病。桃耐旱性极强,其需水量是许多果树中最低的一种。

#### (二)气候条件

温度。桃属喜温性的温带果树树种,但适应性较强。适宜的年平均温度,因品种而异,南方品种群为12~17℃,北方品种群为8~14℃,南方品种群更能耐夏季高温。大多数品种以生长期月平均温度达24~25℃时产量高、品质好。冬季通过休眠阶段时需要一定时期的相对低温,即桃的需冷量,一般需0~7.2℃的低温750小时以上,但春蕾、雨花露等一些南方品种群品种需冷量较低,仅590~730小时。低温时数不足,休眠不能顺利通过时,常引起萌芽开花推迟且不整齐,甚至出现花芽枯死脱落的现象。不同品种间低温需要量有较大的差异。花期要求10℃以上的气温,如最低气温降至-1~-3℃时,花器就容易受到寒害或冻害。

光照。桃性喜干燥和良好的光照。光照充足,则树势健壮,枝条充实,花芽形成良好;光照不足时,内膛枝条多易枯死,致结果部位很快外移。

湿度。要求较低的空气湿度和土壤湿度。唯南方品种群较能适应潮湿气候,但在花期及果实成熟期仍忌多雨。花期阴雨天多,影响授粉、受精和着果;果实成熟前雨水多,果实品质降低,且常引起裂果。

## 第二节　发展现状与发展空间

### 一、发展现状

自2001年至2016年,我国桃产业规模逐年增加,市场快速发展并逐步趋于饱和,桃市场价格由快速增长(2009~2012年)向减速、持平稳定(2013~2016年)方向发展,尤其在2016年,桃产业发生了较大的变化,面积和产量持续增加,极早熟桃和早熟桃价格相对稳定,部分早熟和中熟桃价格下降明显,不少地区首次出现“销售难”的现象,晚熟桃基本持平。目前河南省桃种植面积约100万亩,全省大部分县区均有种植,在桃产业发展上,还存在一些问题:一是品种结构不合理。河南桃树主栽品种以早熟为主,早、中、晚种植比例严重失调,早熟品种过多,造成同类型的桃果在成熟期大量积压。二是肥水管理、农药使用不规范。没有科学施肥,氮肥施用量过大,致使桃树旺长,树内光照条件差,果实风味降低,病虫害增加,生产成本提高。农药使用不当,药剂使用量偏大、浓度过高,造成果品农药残留量较大。药剂防治往往较晚,没有起到预防作用,没有在病虫害发生防治的关键时期用药,防治效果不理想。三是修剪、花果管理欠科学。大多数种植户在疏果时,留果通常较多,留取的果实部位欠合理。通常疏于夏剪，树冠顶部的大枝、粗枝不能及时剪除，使树冠透光性降低，严重影响果实品质。四是采后保鲜技术缺乏。在保鲜冷藏方面重视不够，投入不足，一些种植户常因缺乏冷藏设施，提前采摘果实，选择就近市场，受制于经销商，果品售价偏低。这是制约河南省桃树产业化发展的主要因素，急需在生产中加以解决。

### 二、发展空间

近年来，由于河南省在国家桃产业带布局上处于湖北枣阳市、随州市至河北的重要承接地带，是早中熟桃产品由南向北依次成熟的重要节点地，发展桃产业市场前景广阔，比较效益高。河南省鲜桃种植历史悠久，有当地品种，品质优良，群众有种植习惯，自觉发展的积极性比较高，政府加以引导，就能形成产业集聚区，形成明显的区位优势和产业优势。

## 第三节　经济性状、效益及市场前景

### 一、经济性状

#### （一）观赏价值

桃花是我国传统的园林花木，其树形优美，枝干扶疏，花朵丰腴，色彩艳丽，为早春重要观赏树种之一，很多人都喜欢在家居庭院等地方种植桃树，这样既能美化家居，还能吃桃。观花品种，花色品种较多，从淡至深粉红或红色，是城镇绿化美化的重要树种。在大中城市、旅游资源丰富的地方种植的桃园，成为旅游景点之一，带动了乡村观光游、采摘游。

#### （二）食用价值

桃果实风味优美，营养丰富，常具特殊香味，为夏秋季市场上的主要鲜销果品。桃果实除供鲜食外，还可制罐头、桃干、桃脯、桃酱、桃汁等。桃仁可食用，桃花可制作桃花丸、桃花茶等食品。桃树干上分泌的胶质，可食用，也可用作黏合剂等。

#### （三）药用价值

桃肉味甘酸、性温，具有养阴、生津、润燥活血的功效。成熟桃晒干后称为碧桃干，治溢汗、止血。嫩果晒干后称碧桃，治吐血、心疼、妊妇下血、小儿虚汗。叶称桃枝，窜气行血，煎水洗治风湿、皮肤病、湿疹。根、干切片称桃头，治黄疸、腹痛、胃热。花称白桃花，治水肿、便秘。桃树根可以清热利湿，活血止痛，还可用于风湿性关节炎、腰痛、跌打损伤等。此外，桃木坚硬，纹理流畅，可制作家具及雕刻工艺品；桃花盛期，开花量大，是养蜂的优质蜜源。总之，桃树浑身是宝，经济效益很高。

### 二、效益

效益方面，桃树 4～5 年后进入盛果期，亩产鲜桃 2 500 kg。根据 2016 年对河南省部分桃批发市场的跟踪调查，早中熟品种平均价格约为 3 元/kg，桃生产成本约为每亩 3 000 元，收入约为每亩 7 500 元，每亩净收益约为 4 500 元。桃树种植带动了一批果农走向致富之路，在农业增效和农民增收中发挥了重要的作用。

### 三、市场前景

我国鲜桃在国际贸易中所占份额较小。2014年,我国鲜桃出口量约为5万t,出口额约为5 600万美元。出口对象为俄罗斯、哈萨克斯坦、越南、日本、泰国、新加坡等国家和地区。2014年我国无鲜桃进口,对外鲜桃贸易为净出口。加工品方面,我国加工桃产量约占鲜食桃产量的2%。与鲜食桃对外贸易相比,随着农产品深加工技术的发展,近年来桃加工品(桃罐头、桃汁、桃干、桃脯、蜜饯等)的对外贸易较活跃,产品以桃罐头为主。罐头工业的兴起,为罐桃的栽培和发展提供了广阔的前景。

## 第四节　适宜栽培品种

### 一、水蜜桃

#### (一)黄水蜜

由河南农业大学选育,2004年通过河南省林木良种审定委员会审定。

黄水蜜为黄肉鲜食桃。树势较强,树姿开张;叶片大,宽披针形;大花形;果实椭圆形到卵圆形,缝合线宽浅,两侧对称;果面茸毛稀少,果皮橙黄,向阳面着鲜红到紫红晕,外观艳丽;果皮厚,完全成熟时易剥离;果肉黄色,硬溶质,离核;平均单果重160 g,最大果重280 g;风味纯甜,有浓郁香味,可溶性固形物含量12.5%。成熟期在6月25日至7月5日。其自花结实率高,丰产、稳产性好。

#### (二)春蜜

由中国农业科学院郑州果树研究所选育,2008年通过河南省林木良种审定委员会审定。

果实近圆形,单果重156~255 g;果皮底色乳白,成熟后整个果面着鲜红色,艳丽美观;果肉白色,肉质细,硬溶质,风味浓甜,可溶性固形物含量11%~12%,品质优。核硬,不裂果。成熟后不易变软,耐贮运。该品种果实发育期60~65天,郑州地区6月初成熟。

树姿半开张,树势中等偏旺。果枝粗壮,复花芽多,各类果枝均能结果,以中、长果枝结果为主。花为蔷薇型,花瓣粉色,花粉多,自花结实力强,丰产性好。

#### (三)春美

由中国农业科学院郑州果树研究所选育,2008年通过河南省林木良种审定委员会审定。

果实近圆形,平均单果重156 g,最大果重250 g;果皮底色乳白,成熟后整个果面着鲜红色,艳丽美观;果肉白色,肉质细,硬溶质,风味浓甜,可溶性固形物含量12%~14%,品质优。核硬,不裂果。有花粉,自花结实力强,极丰产。成熟后不易变软,耐贮运。该品种果实发育期70天左右,郑州地区6~10月成熟。春美适合全国各产桃区栽培。

树势中等,树姿半开张。结果枝粗壮,多复花芽,各类果枝均能结果。花为蔷薇型,花瓣粉色,花粉多,丰产性好。

#### (四)黄金蜜桃3号

由中国农业科学院郑州果树研究所选育。

果实平均单果重 256 g,最大果重 350 g 以上,果实近圆形,果顶平,果皮底色浅黄色,80% 以上果面深红色。果肉金黄色,风味浓甜,有香气,果肉质地较致密、细腻,可溶性固形物含量 13% ~14% 。黏核,无裂核及裂果现象,生理落果和采前落果轻。郑州地区 3 月底开花,果实 8 月上旬成熟,果实发育期 125 天左右。

树势强健,树姿半开张,幼树生长快,以中、长果枝结果为主,盛果期后以中、短果枝结果为主。花芽起始节位低,复芽居多,花铃型,花粉多,自花结实率高,早果性、丰产性好。

**(五)早美**

极早熟品种。平均单果重 97 g,最大果重 168 g。果肉乳白色,脆甜,味纯正。果面全红,黏核,贮运性好。果实 5 月底至 6 月初成熟上市,是新育成的极早熟桃优良品种。该品种早果丰产性好,栽植第二年即能开花结果,适宜大棚栽培。

**(六)新川中岛**

日本品种。果个特大,平均单果重 250 ~400 g,果形圆或椭圆形。果面鲜红,果肉黄白,可贮存 15 天左右。风味特异,浓甜微酸,品质特优。果实 7 月底至 8 月上旬成熟。幼树成花容易,结果早,栽后第二年结果,自花授粉率高,极丰产。

## 二、油桃

**(一)中油桃 4 号**

由中国农业科学院郑州果树研究所选育,2003 年通过河南省林木良种审定委员会审定。

树体生长势中等偏旺,树枝较开张,枝条萌芽率、成枝率、坐果率均高。果实椭圆形至近圆形,果顶圆,偶有小突尖;缝合线浅而明显,两侧较对称,成熟度一致;果个中等,平均单果重 116 ~145 g,最大果重 197 g;果皮底色浅黄,成熟时果面全红或紫红,有光泽,极少裂果;果皮较厚,不易剥离;果肉黄色,粗纤维较少,肉质细而紧密,硬溶质,汁液中多,可溶性固形物含量 11% ~15% ,总糖含量 11.0% ,总酸含量 0.69% ,维生素 C 含量 8.74 mg/100 g;果核长椭圆形,半离核。6 月中旬果实成熟。极丰产,耐贮运,货架期较长。

**(二)中油桃 10 号**

由中国农业科学院郑州果树研究所选育,2006 年通过河南省林木良种审定委员会审定。

树势中强,树姿半开张。叶长椭圆状披针形。发枝力和成枝力中等,易形成花芽,花枝中粗。花铃型,花瓣小;花粉多,自交可育,坐果率高。平均单果重 116 g,最大果重197 g。果实近圆形,果皮底色浅绿白色,不能剥离;果肉乳白色,果质硬度中等。成熟后软化过程缓慢,常温下货架期可达 10 天以上。风味浓甜,可溶性固形物含量达 12% ~14% 。果核木质化程度高,不裂核,黏核。果实发育期 68 天,郑州地区 6 月 8 日前后成熟。

**(三)中油桃 11 号**

由中国农业科学院郑州果树研究所选育,2007 年通过河南省林木良种审定委员会审定。

树体生长势中等偏旺,树姿较直立,枝条萌发力中等,成枝率高,果实椭圆或近圆形,果顶圆;缝合线浅而明显,两半部较对称,成熟度一致。果实平均单果重 85 g,最大果重可达 130 g 以上。果皮光滑无毛,底色乳白,80% 果面着玫瑰红色,充分成熟时整个果面着玫瑰红色或鲜红色,有光泽,艳丽美观。果皮厚度中等,不宜剥离。果肉白色,粗纤维中等,软溶质,清脆爽口。风味甜,有香气。汁液中多,pH 值 5.0,可溶性固形物含量 9% ~13%,总糖含量 7.79%,总酸含量 0.37%,维生素 C 含量 4 mg/100 g,品质优良。5 月 15 ~20 日果实成熟。

**(四)曙光**

由中国农业科学院郑州果树研究所选育。

果实圆形或近圆形,果顶圆,微凹,端正美观。平均单果重 100 g 左右,最大果重可达 170 g 以上。表皮光滑无毛,底色浅黄,全面着鲜红或紫红色,有光泽,艳丽美观。果皮难剥离。果肉黄色,硬溶质,汁液中多。风味甜,香气浓郁。pH 值 5.0,可溶性固形物含量 10% ~14%,可溶性糖含量 8.2%,可滴定酸含量 0.1%,维生素 C 含量 9.2 mg/100 g,品质优良;黏核。

郑州地区 3 月上旬萌芽,4 月初开花,花期 4 ~6 天,6 月上旬果实成熟,果实发育期 65 天;10 月下旬落叶,全年生育期 230 天,需冷量 550 ~600 小时。

幼树生长较旺,萌芽率、成枝率高,幼树以中、长果枝结果为主,盛果期以中、短果枝结果为主,树型紧凑。花为蔷薇型,粉红色,花粉多,自交结实率高,可达 33.3%,丰产。

### 三、蟠桃

**(一)早露蟠桃**

由北京市农林科学院选育。

树势中庸,树姿较开张,芽起始节位低,复花芽多,各类果枝均能结果。花为蔷薇型,花粉量多,极丰产。

果形扁平,平均单果重 85 g,最大果重 124 g;果顶凹入,缝合线浅。果皮黄白色,具玫瑰红晕,茸毛中等,果皮易剥离。果肉乳白色,近核处微红,柔软多汁,味浓甜,有香气,可溶性固形物含量 9% ~11%,品质优良;黏核。郑州地区 4 月初开花,6 月 10 日左右果实成熟,果实发育期 68 天。

**(二)油蟠桃** 36 -3

由中国农业科学院郑州果树研究所选育。

树体生长健壮,树姿半开张,树形发育快。萌芽力和成枝力均较强,以复花芽为主,长、中、短果枝均可结果。花粉多,自交结实率 36.9%,丰产稳产。一般管理水平下,定植后,第二年开始结果,第三、四年陆续进入丰产期,盛果期每亩产量可达 2 000 kg 以上。

果实扁平形,缝合线明显,两侧较对称,果顶凹,无裂痕。果形较大,平均单果重 92 g,最大果重可达 152 g 以上。果皮底色绿白,表面光滑无毛,整个果面鲜红或玫瑰红色,艳丽美观。果肉乳白色,肉质细,硬溶质,汁液丰富。风味浓甜,有果香,可溶性固形物含量 11% ~14%,品质优良。果核小,扁圆形,硬核,果实可食率 95.6%;不裂果。

## 第五节　组装配套技术

### 一、育苗

**(一)圃地选择**

选择地下水位低、地势稍高、排水良好、土地平整、质地肥沃、疏松保墒的沙壤土为宜,土壤的酸碱度以中性或微酸性为好。老桃园不能做苗圃地,因老树根系腐烂分解会产生有毒物质,且病虫多。易染根癌病、根瘤病等病害。

### (二)苗木繁育

1. 砧木选择

生产上桃树育苗多用嫁接繁殖。砧木普遍用毛桃或山桃。就适应性而言,毛桃是我国中部和南部桃区的优良砧木,与桃的嫁接亲和力强,且较耐湿,栽培容易,树龄长。

2. 种子采集

选择生长健壮、性状优良的毛桃,并且选取发育正常、充分成熟的果实采集。一般在7~8月进行,处理方法为采后及时除去果肉再阴干,放置在阴凉干燥处保存。

3. 种子的层积处理

桃果核一般需80~120天低温才完全成熟,春播的种子必须进行层积处理即沙藏。先将毛桃种子放入缸内,加70 ℃热水,边加水边搅动,待水不烫手时停止搅动,浸泡一昼夜,再换清水浸泡5天左右,将种子捞出,放背阴处。在地势平坦、向阳处,挖深40 cm,宽、长视种子多少而定的坑,下面铺10 cm沙,按5份沙1份种子放入,沙的湿度以手捏成团,松手即散为宜,离坑沿还有5 cm时,表面覆沙稍高出地面。12月底、1月初沙藏。沙藏天数不足时影响发芽率。播种前,挑选出露芽种子进行播种,没露芽种子继续催芽,一般每3~5天重复一次。

4. 整地和播种

先将苗圃地深翻整平,并亩施土杂肥4 000 kg,各施50 kg磷酸二铵和过磷酸钙。作畦长度根据地段长短而定,一般畦长20 m左右,宽1~1.2 m的畦耧平备播。种子秋播或春播都可以。秋播出苗整齐,出苗早,幼苗生长快而健壮,且可省去种子沙藏手续,一般在晚秋至初冬土壤结冻前进行。春播淮河流域在3月上、中旬进行,播种时在整好的畦内开沟3~4条,灌足水,待水渗下后,每隔8 cm左右点播一粒种子,覆土并覆盖地膜。覆盖地膜前喷施除草剂(乙草铵),经常检查苗是否露出地面,如有苗露出地面,要及时用棍插一孔,使芽露出地膜。待苗长到10 cm时,间除病弱苗,一般每亩保留苗1万~1.5万株,并根据情况浇水。也可先在苗床中集约播种育苗,而后进行移栽。

5. 嫁接

桃苗的嫁接时间,桃秋季生长停止较苹果和梨早,砧木生长速度也快,芽接时期早于苹果和梨,一般在6月中、下旬,最晚不能拖到7月上旬。6月中旬以前芽接,成活后并采用折砧或两次剪砧的方法,可在当年成苗出圃。在生长期较长的地区,苗木较易达到规定的标准。选砧木,芽接用的砧木距地面8 cm左右时,直径要求在0.5 cm以上。接穗以选用饱满充实的复芽或带有复芽的枝段为最佳。具体嫁接方法,过去采用"T"形芽接法为多,近年多用嵌芽接法。先在砧木上切取一盾状芽片,上浅下深,下刀口斜切入木质部内。再在接穗枝条上取下稍短的带木质部接芽片嵌入,并使芽片上端露出一线砧木皮层,最后绑紧。嵌芽接法在砧穗不易离皮或较细的情况下仍能嫁接,嫁接时期长,成活率高。嫁接完毕后,随即在接芽以上第一片叶柄基部处折梢,成活后及时剪砧。夏秋来不及芽接或芽接未活的砧木苗,可用枝接法补接。枝接一般采用切接法。长江流域在秋季9~10月及次春萌芽前均可进行,淮河流域宜掌握在春季桃芽萌发之前。

6. 接后管理

7 月下旬新梢进入生长旺期,此时每亩追施尿素 20 kg,并浇水,20 天后再重复追肥 1 次,根据情况及时浇水,以后每隔 15 天喷 1 次 0.5% 尿素和 0.3% 磷酸二氢钾。

7. 出圃

一般在春季或秋季出圃,秋季起苗要求在新梢停止生长并已木质化,叶片基本脱落时进行;春季要在萌芽前起苗,萌芽后则严重影响成活率。挖出的苗木要及时按品种分类、分级,做好标记,外运的苗木要做好包装、检疫,定植前做好假植工作。

## 二、建园

### (一)园地选择

桃对土壤要求不严,一般土壤均可建园。盐碱地应先行改良,否则易患缺铁性黄叶病。土壤黏重的丘陵坡地应开沟建园,避免土壤下层积水。桃树避免重茬,重茬常导致树体生长不良、枝干流胶、叶片失绿、新根褐变等,严重时造成桃树成片死亡,建园时应予以避免。

### (二)品种选择

品种选择方面要因地制宜。除选用生态适应性强的品种外,还需根据加工、鲜食的不同需要,并根据集市远近和交通条件进行选择。供罐头加工品种,宜选黄肉、不溶质、黏核和近核处无红色或少红色的优良品种,最好具有芳香。供鲜销用的,城市近郊可多选软溶质的品种,早熟品种的比例也可大一些。城市远郊及山区宜适当发展较耐贮运的硬肉桃或硬溶质的品种。栽植的桃树品种不产生花粉或花粉少时,一定要配植授粉品种。即使是自花能结实的品种,选用几个品种相互配植,也能提高结实率和产量。不同成熟期的品种还可避免劳力过分集中和延长鲜果的供应时期。

### (三)种植密度

栽植株行距应根据品种生长势、土壤肥瘠和管理条件而定。一般平地株行距 4 ~ 5 m,山地株行距(3 ~4)m×(4 ~5)m。桃枝生长速度快,特别在高温多湿地区不宜过分密植,否则前期虽可获得高产,后期树冠交接后产量即锐减。有管理经验的地区,密度可大一些。

### (四)定植

1. 定植前的准备工作

主要包括平整土地、肥料的准备、苗木的准备、挖穴等。在定植前先平整土地,深翻耙平,丘陵山地先修建梯田,内低外高,然后挖穴。定植前要施足底肥,每亩施腐熟的有机肥 3 000 ~5 000 kg、磷肥 50 ~100 kg。选择苗木时,应选用生长健壮、木质化程度高、饱满芽多、根系发达、细根多、无病虫害的苗木。

2. 定植

在河南栽植宜秋栽,利于秋冬季根系的恢复,来年更好地生长。按确定的种植密度进行规划,挖 60 cm×60 cm×60 cm 的种植穴。人工挖穴,先把表土放在一边,底土放在另一边。栽植时,先回填,把表土填在底部,再填入有机肥、磷肥,混拌均匀,这样一层土一层肥,再混拌,填平后,灌水使之下沉,待土壤略干后,开始定植。定植时,主栽品种无花粉时，主栽品种与授粉品种一定要按照4∶1或2∶1配置比例。在定植穴上挖30 cm深的穴，把苗木放入，少填些土，用手扶直，填土踏实。栽完后及时灌水。

3. 定植后的管理

苗木大小不同，管理措施也不相同。1～2年生的大苗，栽植后直接定干，定干高度为50～60 cm，剪口下15～30 cm为整形带，整形带以下的芽统统抹掉，以促进新梢生长，当新梢长度达60～70 cm时摘心，促进二次枝萌发和加粗生长。小苗栽植，定植后在接芽上方0.5 cm处剪砧，剪口要平滑。当生长至50～60 cm时，摘心定干，选留2～4个二次枝作为主枝培育，可培育两主枝或三主枝自然开心形。若采用主干形，生长过程中不摘心定干，一直让主干延长生长，对过密的二次枝进行疏除，待二次枝长到45～50 cm时摘心，主干高度达1.8 m左右时可控制生长。

## 三、土肥水管理

桃根系呼吸作用旺盛，正常生长要求土壤有较高的含氧量。除秋冬落叶前后结合施用基肥进行深翻外，生长期间宜经常中耕松土，保持树盘范围内的土壤通气性良好。遇有滞水、积水现象应及时排除，不让根系受渍。

桃比较耐瘠。幼树期需肥量少，施氮过多易引起徒长，延迟结果。进入盛果期，随产量增加和新梢的生长需肥量渐多。综合各地桃园对氮、磷、钾三要素的吸收的比例，大体为10∶(3～4)∶(6～16)。每生产100 kg的桃果，三要素的吸收量分别为0.5 kg、0.2 kg和0.6～0.7 kg。具体施肥量最好以历年产量变化及树体生长势作为主要依据。具体施肥要求如下：第一次为基肥，以有机肥为主，适当配合化肥，特别是磷肥，结合晚秋深耕施入，施肥量占全年总量的50%～70%以上。第二次为壮果肥，以氮肥为主，结合磷、钾肥，在定果后施用。第三次在果实急速膨大前施入，以速效磷、钾肥为主，结合施用氮肥，主要对中、晚熟品种，可促进果实膨大，提高品质，并可促进花芽分化。此外，有条件时，在8～9月中、晚熟品种收获后，以氮肥为主施用一次补肥，有利于枝梢充实和提高树体内贮藏营养的水平。必要时还应注意补充微量元素。

桃树需水量虽少，但发生伏旱时仍应进行必要的灌溉。夏季炎热季节灌溉需掌握在夜间到清晨土温下降后，以免影响根系生长，并宜速灌速排，不使多余水分在土壤中滞留。

## 四、整形和修剪

### （一）整形

根据桃的生长习性和喜光要求，整形时采用自然开心形、两主枝Y形、主干形等三个树形，目前自然开心形比较常用。自然开心形树形的特点是，主干高30～50 cm，其上错落或邻近培养三大主枝，相距10～12 cm。主枝每年直线外延，开张角40°～50°，每主枝上在背斜侧间隔一定距离再培养2～3个副主枝（侧枝），开张角60°～80°，构成树体骨架。然后在主枝、副主枝上培养结果枝组。对主枝、副主枝，应注意其开张角要求不同。

这种树形修剪量轻，成形快，结果早；枝头间距较大，主、侧枝可形成两层，充分利用空间立体结果，故产量较高。缺点是整形技术要求较高，内层枝组过多、过密时会影响果实品质。具体整形时,在苗木 50 ~ 60 cm 高处定干。次春萌芽后,将离地 30 ~ 40 cm 以内的芽抹去,在其上方选留 3 个主枝。主枝间需保留一定的间距,方位适当,开张角度过小的主枝应在生长期间拉枝调角。冬季主枝留 60 cm 短截,剪口芽选用外侧饱满芽,保持主枝以一定的角度逐年向外延伸。剪口附近要注意留一外侧芽,萌发后培养作为副主枝。为避免与主枝发生竞争,副主枝也可在晚一年形成。每主枝上培养 2 ~ 3 个副主枝。第二年冬季,各主枝的延长枝留 50 cm 短截,和上年方法相同,养成延长枝和第二副主枝。在主枝、副主枝上则多留小枝组,以增加结果部位,并荫蔽主枝,起保护作用。第三年以后,也如上年同样处理。一般 4 ~ 5 年树形即可基本形成。最后全树保持主枝、副主枝 7 ~ 9 个,各骨干枝枝头间保持 80 ~ 100 cm 的间距。

## (二)修剪

### 1. 幼年桃树修剪

幼年桃树生长旺盛,修剪上应采用轻剪长放和充分运用夏季修剪技术,以缓和树势,提前结果。夏季修剪包括抹芽、摘心、扭梢和剪梢等工作。位置不当的芽容易发生旺条,应及早抹除。生长前期摘心有利于促发二次枝,形成良好的结果枝,提前结果;旺枝扭梢更能促进花芽的形成。此外,对生长郁闭的幼年树,在 6 月中下旬及 8 月停梢期进行疏梢、剪梢,对改善树冠光照,提高有效结果枝比例的作用都很显著,并可减轻冬剪的工作量。因此,夏季修剪是幼年桃树管理中很重要的一个环节。

同时,幼年桃树还应注意结果枝组的培养。桃树小枝组的结果年限很短,易衰亡,应以培养中、大型枝组为主。中、大型枝组多在骨干枝两侧的中间部位培养,一般采用先截后放的方法,同方向中、大型枝组需保持 40 ~ 60 cm 的间距,以使光照良好,但其中可以安插小枝组。

### 2. 盛果期桃树修剪

进入盛果期,桃树树冠内膛及下部枝条容易枯死,结果部位外移很快。此期修剪应随结果量的增加而逐年加重,要加强枝组和结果枝的培养及更新,注意维持稳定的树势,必要时还要对骨干枝进行回缩更新。当枝组上的结果枝结果后,如下部抽生健壮结果枝的,可在其上方进行缩剪。如下部或附近结果枝的数量较多,也可将枝组下部的长果枝留 2 ~ 3芽重短截作为预备枝,以促进更新。所以对全树不同枝组要放缩结合。为稳定产量,盛果期桃树,冬剪时应根据树体生长情况每株稳定地剪留结果枝 400 ~ 500 根,并保持一定比例的长果枝。多余的枝条可剪除或留作预备枝。桃常以长果枝结果为主,或长中短几类果枝都能结果。具体修剪时,一般对长果枝留 4 ~ 7 对花芽短截,剪口芽必须有叶芽,短果枝和花束状果枝由于只有顶芽是叶芽,不能短截,过多的可疏除。中果枝上花芽、叶芽的着生情况介于长果枝和短果枝之间,可根据具体情况决定是否短截。结果枝的更新除留足预备枝外,还可将长果枝适当加重短截,使其既能结果又能同时再抽生新梢,形成良好的结果枝,供来年结果。

### 3. 衰老期桃树的修剪

桃树一般在栽植 16 ~ 17 年后即进入衰老期。此时外围延长新梢的生长量不足 20 ~ 30 cm,长果枝数量锐减,中小枝组大量死亡,内膛秃裸,产量下降。此期除加强对枝组的更新修剪外,还可对骨干枝在 3 ~ 6 年生的部位上进行缩剪,同时积极利用徒长枝培养新的骨干枝或大型枝组，继续结果。当经济效益低下时，需刨除，另行建园。

## 五、花果管理

### （一）授粉

花期天气不良（如连阴雨天、低温等），影响正常授粉、受精时，对自花不结实的品种应进行人工授粉，时间掌握在初花期到盛花期之间。一般授粉3小时后降雨，对正常受精已无妨碍。

### （二）疏果

正常管理条件下，桃多数品种的结实率较高，如果不进行花果管理，任其自然结实，导致果实变小，品质变劣，并削弱树势。生产上应疏果两次，最后定果不迟于硬核期结束。留果数量主要根据树体负载量，并参考历年产量、树龄、树势及当年天气情况等而定。具体疏果时可按（0.8～1.5）∶1的枝果比标准留果，或按长果枝留果3～5个，中果枝1～3个，短果枝和花束状果枝留1个或不留，二次枝留1～2个的标准掌握。先疏除萎黄果、小果、病虫果、畸形果和并生果，然后根据留存果实的数量疏除朝天果，附近无叶果及形状较短圆的果实。有的品种徒长性果枝结果可靠，如大久保、扬州早甜桃等，其上应尽量多留果。有的品种花蕾过多，对自然着果牢靠的，如白凤等，也可提前进行疏蕾、疏花，以节约养分，减少树体消耗。

### （三）果实套袋

为防止果实病虫害，对中、晚熟品种进行果实套袋，同时也可提高果实的外观品质和防止裂果。套袋应在生理落果基本结束以后，病虫害发生以前进行。长江流域多在5月中、下旬至6月初完成。如发现已有食心虫类害虫和桃蛀螟开始产卵，可先打药，再行套袋。全树套袋时应从上而下，由内而外进行，以免碰坏已套好的纸袋。为使套袋后的果实增加红晕，提高着色，采收前2～3天应将纸袋从下部撕开。

### （四）促花

为对幼龄桃树控冠促花，减轻夏季修剪工作量，在桃硬核期结束前，新梢开始旺长时，可叶面喷布0.1%～0.15%多效唑药剂1～2次。这在桃树早期密植丰产栽培中是一项行之有效的重要措施。

## 六、主要病虫害防治

桃树的病虫害较多。主要病害有桃缩叶病、细菌性穿孔病、桃炭疽病、桃疮痂病、桃流胶病等。主要害虫有红颈天牛、桃蛀螟、桃小食心虫、桃蚜、桑白蚧、叶蝉、桃潜叶蛾和刺蛾等。

### （一）主要病害及防治

#### 1. 桃缩叶病

桃缩叶病病菌在芽鳞和树皮上越冬，早春展叶前后侵害叶片、新梢，使其变形、干枯、脱落，也可为害果实。

防治方法：在桃芽膨大而尚未绽开时喷布5波美度石硫合剂，严重时在展叶后再喷0.3波美度石硫合剂，同时结合人工及时摘除病叶、病梢烧毁，减少病源。

2. 细菌性穿孔病

多在春夏之际发生，造成叶片穿孔、脱落。除为害桃外，还为害杏、李、樱桃等多种果树。

防治方法：

(1)彻底清除果园枯病枝、病叶、病果，集中深埋或烧毁。

(2)增施有机肥，加强夏剪，增强通风透光，注意排水，增强树势。

(3)在建园时，不要与李、杏、樱桃等混栽，以免病害相互交叉传染。

(4)药物防治。在早春萌芽时(露绿期)喷布1:1:100波尔多液。喷药时需注意与石硫合剂的喷药期之间有7~10天间隔期，且在展叶后宜改喷65%代森锌400~500倍液防治，以免产生药害。

3. 桃炭疽病

桃炭疽病为害果实和枝梢，4~7月间均能发生，花后连阴雨天气易造成该病暴发。

防治方法：

(1)清除病枝、枯枝、僵果及地下落果，集中深埋或烧掉；在生长期及时剪除病梢，摘除病果及拾净落果深埋。

(2)药物防治。萌芽前喷5波美度石硫合剂。5月下旬喷70%甲基托布津1 000倍液，或60%代森锌400倍液，共2~3次即可，每隔15天1次。

4. 桃疮痂病

主要为害果实。除为害桃外，还为害杏、李、樱桃等。

防治方法：

(1)及时清除病梢、病果、病叶，集中深埋或烧掉；增强树势，增施磷、钾肥，适时排水，降低果园湿度；加强夏剪，改善通风透光条件。

(2)萌芽期喷5波美度石硫合剂。5月上中旬喷65%代森锌500倍液，或25%多菌灵400~500倍液。

5. 桃流胶病

桃流胶病是真菌侵染和生理性原因共同造成的一种病害，主要为害主干和主枝，引起流胶，削弱树势。土壤黏重，氮肥过多，连作重茬，排水不良，夏季重修剪，以及虫害伤口等都能加剧流胶。

防治方法：

(1)主要从加强管理，增强树势入手，做好树体保护工作。

(2)冬季刮除病部胶状物至木质部，而后用石硫合剂或402抗菌剂100倍液涂刷。在4月下旬至7月上旬喷50%多菌灵1 000倍液，每15天1次，共喷3~4次。

**(二)桃树虫害及防治**

1. 红颈天牛

以幼虫在树干蛀道内越冬，为害主干及根颈部，削弱树势或引起死树。

防治方法：

(1)可在5月下旬成虫产卵前对主干及主枝分杈部位用白涂剂涂白，白涂剂用生石灰和水按1:(3~5)的比例，加入少量食盐(可增加黏着能力)，再加入少量石硫合剂调制而成，可提高防虫效果，减少产卵。同时人工捕杀成虫。

(2)在生长期经常检查树干,发现幼虫为害时可进行勾杀。在每个蛀道口塞入氧化铝片(含0.075 g)或敌敌畏棉球(20倍),然后用黄泥封死,以熏死幼虫。

2. 桃蛀螟和桃小食心虫

均为害果实,后者还为害桃梢。

防治方法:

(1)建园时,尽量避免与梨、苹果混栽,以防交叉为害。清园、刮树干老翘皮集中烧毁。5~6月摘除被害梢及虫果,集中埋掉或烧毁。

(2)地下防治:在越冬幼虫出土化蛹期间,于地面喷洒25%辛硫磷微胶囊剂,每亩250 g,兑水25~50 kg,然后均匀喷洒在地面上。或用2.5%敌杀死或20%速灭杀丁乳油,每亩0.3~0.5 kg,喷洒地面有良好效果,残效期短。

(3)树上防治:在5月上旬至6月上中旬,第1、2代成虫高峰期时,喷50%杀螟松乳油1 000倍液,或2.5%敌杀死2 000~3 000倍液,或20%杀灭菊酯乳剂2 000~3 000倍液,或2.5%天王星乳油2 000倍液等,隔10~15天再喷一次。

3. 桃蚜

一年中发生代数多,随桃树发芽,卵孵化,为害花及幼叶,6月以后转移到其他寄主上越夏,落叶前再迁回桃树上产卵越冬。

防治方法:

(1)清除园内杂草,刮老树皮,集中深埋或烧毁。保护七星瓢虫、大草蛉等天敌,在天敌活动期尽量不喷农药。

(2)在萌芽前喷5波美度石硫合剂,杀死蚜虫越冬卵。花后喷一次蚜虱净2 000倍液,或10%氯氰菊酯乳油1 000~1 300倍液,均可收到较好的效果。为害严重时,可在秋季桃蚜回迁桃树时再喷药一次。

4. 桑白蚧

在长江流域一年发生2~3代。5月上、中旬为孵化盛期,若虫在枝干上吸食汁液为害,削弱树势,严重时造成枝条枯死,一般在2~3年生枝上为害较多。若虫在二龄后分泌蜡质,具有抗药性。

防治方法:除结合其他病害的防治在发芽前喷布5波美度石硫合剂外,在若虫群集为害尚未分泌蜡质前,可喷布0.3~0.4波美度石硫合剂,或25%扑虱灵1 000~1 500倍液,或蚧死净600~800倍液,或20%杀灭菊酯乳油3 000倍液。

5. 叶蝉

以成虫在杂草、土块中越冬,桃树发芽后上树为害幼叶,取食汁液。

防治方法:

(1)冬季清除园内落叶、杂草,减少越冬虫源。

(2)利用黑光灯诱杀成虫。利用叶蝉成虫的趋光性,用灯光诱杀等。

(3)在卵盛孵期(在5月中下旬)喷布2.5%溴氰菊酯可湿性粉剂2 000倍液,或25%扑虱灵1 000~1 500倍液,或50%杀螟松乳油1 000倍液,或藜芦碱可湿性粉剂600~800倍液,都有良好效果。

6. 桃潜叶蛾

桃潜叶蛾主要以幼虫潜食叶肉组织，在叶中纵横窜食，形成弯弯曲曲的虫道，并将粪粒充塞其中，最终干枯、脱落。

该虫每年发生5代，以蛹在枝干的翘皮缝、被害叶背及树下杂草丛中结白色薄茧越冬。翌年4月下旬至5月初成虫羽化，夜间产卵于叶表皮内。幼虫老熟后从蛀道钻出，在树干翘皮缝、叶背及草丛中仍结白色薄茧化蛹。5月底至6月初发生第1代成虫。以后每月发生1代，直至9月底至10月初发生第5代。

防治方法：

(1)消灭越冬虫体。冬季结合清园，刮除树干上的粗老翘皮，连同清理的桃叶、杂草集中深埋或烧毁。

(2)运用性诱剂杀成虫。选一个广口容器，盛水至边沿1 cm处，水中加少许洗衣粉，然后用细铁丝串上含有桃潜叶蛾成虫性外激素制剂的橡皮诱芯，固定在容器口中央，即制成诱捕器。将制好的诱捕器悬挂于桃园中，高度距地面1.5 m，每亩挂5~10个。夏季气温高，蒸发量大，要经常给诱捕器补水，保持水面的高度要求。挂诱捕器不但可以杀雄性成虫，且可以预报害虫消长情况，指导化学防治。

(3)化学防治。在越冬代和第1代雄成虫出现高峰后的3~7天内喷药，可获得理想效果。第一次用药一般在桃落花后，然后每隔15~20天喷一次药。所用药物及其剂量分别有25%灭幼脲3号悬浮剂1 500~2 000倍液，或20%杀铃脲悬浮剂6 000~8 000倍液，或90%万灵可湿性粉剂4 000倍液。

# 第七章　李

## 第一节　树种特性及适生条件

### 一、生物学特性

李(*Prunus salicina* Lindl.)为蔷薇科李属植物。落叶小乔木,树冠开张,萌芽力强,成枝力因品种而异。李树的根系属浅根系,多分布于距地表5~40 cm的土层内,但由于砧木种类不同,根系分布的深浅有所不同,以毛樱桃为砧木的李树根系分布浅,0~20 cm的根系占全根量的60%以上,而用毛桃和山杏作砧木的分别为49.3%和28.1%。山杏砧李树深层根系分布多,毛桃砧介于二者之间。

根系的活动受温度、湿度、通气状况、土壤营养状况以及树体营养状况的制约。根系一般无自然休眠期,只是在低温下才被迫休眠,温度适宜,一年之内均可生长。土温达到5~7 ℃时,即可发生新根,15~22 ℃为根系活跃期,超过22 ℃根系生长减缓。土壤湿度影响到土壤温度和透气性,也影响到土壤养分的利用状况,土壤水分为田间持水量的60%~80%是根系适宜的湿度,过高过低均不利于根系的生长。根系的生长节奏与地上部各器官的活动密切相关。一般幼树一年中根系有三次生长高峰,一般春季温度升高根系开始进入第一次生长高峰。当新梢进入缓慢生长期时,根系进入第二次生长高峰。随果实膨大及雨季秋梢旺长又进入缓长期。当采果后,秋梢近停长,土温下降时,进入第三次生长高峰。结果期的李树只有两次明显的根系生长高峰。了解李树根系生长节奏及适宜的条件,对李树施肥、灌水等重要的农业技术措施有重要的指导意义。

李树的芽分为花芽和叶芽两种,花芽为纯花芽,每芽中有1~4朵花。叶芽萌发后抽枝长叶,枝叶的生长同样与环境条件及栽培技术密切相关。在北方,李树一年之中的生长有一定节奏性,如早春萌芽后,新梢生长较慢,有7~10天的叶簇期,叶片小、节间短,芽较小,主要靠树体前一年贮藏的营养。随着气温的升高,根系和叶片的生长加快,新梢进入旺盛生长期,此期枝条节间长,叶片大,叶腋间的芽充实、饱满,芽体大。此时是水分临界期,对水分反应较敏感,要注意水分的管理,不要过多或过少。此期过后,新梢生长减缓,中、短梢停长,积累养分,花芽进入旺盛分化期。雨季后新梢又进入一次旺长期即秋梢生长。秋梢生长要适当控制,注意排水和对旺枝的控制,以防幼树越冬抽条及冻害的发生。

### 二、栽培情况

李树栽培范围广泛,品种丰富,在我国栽培的李树主要为中国李,栽培历史已有3 000多年,《诗经》《齐民要术》中均有李树栽培的记载。中国李分布于全国各地,以河北、河南、山东、安徽、山西、江苏、湖北、江西、浙江、四川、广东、辽宁等地栽培较多。中国李不仅在中国分布广且栽培历史悠久，在朝鲜、日本等国也有较长的栽培历史，近百年来，又传至欧美各国，与美洲李杂交，培育出许多种间杂交新品种。

### 三、对立地条件、气候要求

由于各种不同种类的李树处于不同的生态环境下，形成了不同的生态类型。在引种和栽培上要区别对待，这样可增加引种栽培的成功率。

**（一）温度**

李树对温度的要求因种类和品种不同而异。中国李、欧洲李喜温暖湿润的环境，而美洲李比较耐寒。同是中国李，生长在我国北部寒冷地区的绥棱红、绥李3号等品种，可耐－35～－42℃的低温；而生长在南方的木隽李、芙蓉李等则对低温的适应性较差，冬季低于－20℃就不能正常结果。

李树花期最适宜的温度为12～16℃。不同发育阶段对低温的抵抗力不同，如花蕾期－1.1～－5.5℃就会受害；花期和幼果期为－0.5～－2.2℃。因此，北方李树要注意花期防冻。

**（二）水分**

李树为浅根树种。因种类、砧木不同对水分要求有所不同。欧洲李喜湿润环境，中国李则适应性较强；毛桃砧一般抗旱性差，耐涝性较强，山桃耐涝性差，抗旱性强，毛樱桃根系浅，不太抗旱。因此，在较干旱地区栽培李树应有灌溉条件，在低洼黏重的土壤上种植李树要注意雨季排涝。

**（三）土壤**

对土壤的适应性以中国李最强，几乎对各种土壤李树均有较强的适应能力，欧洲李、美洲李适应性不如中国李。但所有李均以土层深厚的沙壤土、中壤土栽培表现好。黏性土壤和沙性过强的土壤应加以改良。

**（四）光照**

李树为喜光树种，通风透光良好的果园和树体，果实着色好，糖分高，枝条粗壮，花芽饱满。阴坡和树膛内光照差的地方果实成熟晚，品质差，枝条细弱，叶片薄。因此，栽植李树要选择在光照较好的地方并修整成合理的树形，这对李树果实的高产、优质十分必要。

## 第二节　发展现状与发展空间

### 一、发展现状

20世纪80年代以前李树的栽培，在我国未得到足够的重视，发展较慢，经济效益也较差。进入80年代，我国开展了全国性李树资源的普查、收集、保存等工作，并在辽宁熊岳建立了国家李树种质资源圃，成为我国李树的科研中心。果树科技工作者在对我国的名优品种进行利用的基础上，还培育了一些比较好的品种，还从国外引进一些优良品种，如美国杂交杏李等品种。近年来，我国李树的栽培面积、产量迅速发展，在发展态势和经济效益上已占据了重要地位。因此，因地制宜发展李树优良品种，投资少，见效快，市场前景广阔。采用良种良法,实行规模经营,集约化生产,产业化开发,是果农快速致富的一条好门路。

目前,在李树生产中还存在一些问题。一是对李产业的重要性认识不够充分。在调查中发现,许多人包括一些主管部门领导仍然持有原来的旧观念,认为李属于小杂果,不耐贮运,不宜大面积栽培,从而影响了许多适宜栽培区李树生产的发展。事实上,这种观念已经滞后于当前李树栽培新技术的发展,现在已经有适合本地区栽培的耐贮运优良品种,从根本上解决了李果贮运难的问题。二是管理较粗放。在李树生产中,由于果农文化素质较低、技能培训不到位等原因,造成管理不到位,品种混杂,树体老化,从很大程度上影响了李树的优质、高效生产,致使经济效益不高,影响了果农的积极性。三是标准化程度低。尽管有优质李生产技术规程,但是在实际生产中,一些李树产区并没有完全按照上述标准组织实施,对一线生产技术人员的培训不够,使得这些标准在生产中没有很好地执行。四是加工增值技术落后,效益潜力没有充分发挥。李果加工跟不上,李果仍然以鲜食李直接销售,不仅影响了许多色味俱佳的早、中熟优良品种的大面积栽培,同时李树生产的产业链也未能得到延伸,潜在经济效益没有得到充分挖掘和发挥。针对存在的问题,应在下一步工作中逐步加以解决,以推动河南省李产业的快速健康发展。

### 二、发展空间

李是我国栽培历史悠久的古老果树之一。据考证大约在 3 000 年前即有栽培。李树适应性强,对气候土壤条件要求不严,栽培管理技术容易掌握,结果早,产量高,高产稳产,既可大面积栽种,建立商品基地,又适于房前屋后零星栽植。李果实不仅含有丰富的营养物质,而且市场占位好,其早熟品种成熟期早,成熟季节正值果品鲜果供应的空当,而晚熟品种则耐贮性好,通过贮藏可供应到春节。随着生活水平的提高,果品市场发生了重大变化,水果市场开始从卖方市场向买方市场迅速转变,苹果、梨、柑橘等大宗水果出现了卖果难问题,劣质果品的价格也迅速下跌。但与此同时,李等小水果却十分紧俏,价格稳中有升,这与当前大宗水果卖果难形成了鲜明对比。发展李树生产,把小杂果做成大产业,具有较大的发展空间。

## 第三节　经济性状、效益及市场前景

### 一、经济性状

#### (一)观赏价值

李树树姿优美,春时繁花似锦,夏时硕果累累,是净化空气和美化环境的良好树种,具有一定的观赏价值。

#### (二)营养价值

李品种繁多,成熟期各异,采收供应期长达 4 个月之久,果实色泽有红、黄、绿、紫、黑五种颜色可供选择。李是优良的鲜食果品,营养丰富。果含糖 7% ~17%、酸 0.16% ~2.29%、单宁 0.15% ~1.5%,李果实中含有蛋白质、脂肪、胡萝卜素、硫胺素、核黄素、尼克酸和维生素C、B1、B2以及钙、磷、铁等矿物质,还含有17种人体需要的氨基酸等。李果酸甜适度,外观鲜美,不仅适于鲜食,还可制干、罐头、果脯、果酱、果汁、果酒和蜜饯等。

**(三)药用价值等**

李果亦有较高的药用价值,有清热利尿、活血祛痰、润肠等作用。李树浑身是宝,李仁含油率高达45%,李仁油是工业润滑油之一。李还是重要的蜜源植物,越来越受到人们的青睐。

### 二、效益及市场前景

近年来的市场也证明栽植李树,只要管理得当,效益不低于大宗水果。据调查,位于西峡县田关乡孙沟村的李树品种园,为丘陵地,土壤肥力中等,栽植密度3 m×4 m,春季施化肥1~2次,冬季施有机肥1次,栽后3年大量挂果,8年生园平均亩产量2 640 kg。成熟最早的日本红李,6月10日上市,售价2.6元/kg,成熟最晚的黑琥珀李售价3元/kg左右,其效益高于其他水果。李在风味、营养价值和时令供给方面都别具一格,深受人们的喜爱,价格也高于大宗水果,引起了果农的重视。李树栽培在市场中占有一定的地位,发展李树生产有着广阔的前景。

## 第四节　适宜栽培品种

### 一、日本早红李(大石早生)

日本品种。果实圆形,果顶较圆,果皮较厚,底色黄绿,平均单果重55 g,最大106 g,果面鲜红色,果肉黄绿色,肉质细脆,甜酸多汁,微香,含可溶性固形物11.8%。6月中旬成熟,果实生育期65天,系早熟优良品种。抗寒,抗病虫能力较强,经-28 ℃低温无冻害。大棚栽培后效益更佳。

### 二、黑琥珀李

由黑宝石李(Frair)、玫瑰皇后李(Queen Rosa)杂交选育而成。黑琥珀李树干褐色,皮孔粗,不甚光滑。新梢绿色,老熟后棕红色。叶长卵形,叶面不平,呈明显波浪状起伏,具强蜡质光泽,叶柄红色。每花芽有2~3朵单花。树势中庸,比黑宝石李略强,树姿直立。萌芽力和成枝力均强,长、中、短果枝及花束状果枝均可结果,结果成串成堆,丰产性好,异花授粉结实力高,可用玫瑰皇后作授粉树,亲合性好,花期一致。该品种极易成花,定植第二年开花株率100%,见果株率70%。果实扁圆形,平均单果重102.8 g,最大180 g。完全成熟时果皮黑紫色,果粉厚。果肉淡黄色,核小,可食率99%,味甜香,品质上等,优于黑宝石梨。

### 三、玫瑰皇后李

系美国品种,由Queen Ann×Santa Rosa杂交育成。平均单果重100~150 g,最大可达220 g,果形椭圆形,顶部圆平,两边对称,缝合线不明显,果柄粗短,梗洼宽浅,果面紫红色,有果粉,果点大而稀。果肉金黄色,肉质细嫩,汁液多,味甜可口,品质上等,含可溶性固形物13.8%,离核,核极小。该品种长势强旺,枝直立,短果枝多,嫩梢绿色。叶片中型。花为大型,每花序2朵,结果以花束状结果枝为主。异花授粉,可与黑宝石互作授粉树。进入盛果期应重剪截,疏果,以增大果个,贮藏期5个月以上。

### 四、黑宝石李

系美国品种(由Cdriota×Nubiana杂交育成),单果重88~120 g,最大果重160 g左右,定植后第二年挂果。该品种结果性能特别强,要特别注意疏果,以便增大果个。果实扁圆形,顶部平圆,两边对称,缝合线不明显,果柄粗短,梗洼宽浅,果面紫黑色,果粉少,无果点。果肉乳白色,质硬,细嫩,汁液较多,味甜爽口,品质上等。含可溶性固形物11.5%,离核,核小,可食率98%,耐贮运,贮藏期6个月以上。植株长势壮旺,可与玫瑰皇后互为授粉树。

### 五、北京晚红李

又名三变李,北京紫李。该品种属于中国李。树势强健,萌芽、成枝力均强。幼树生长旺,盛果期树以花束状果枝结果为主。果实圆形或长圆形,果顶稍尖,平均单果重57 g。果皮由黄色逐渐变为红色到暗红色或紫色。果梗较长,梗洼深,缝合线明显,果粉厚。可溶性固形物含量14.8%~17.6%。果肉黄色,肉质细,品质上。核为椭圆形,黏核或半黏核,核小。7月中下旬成熟。抗寒,抗病能力强,适于沙滩盐碱地栽培。结果早,丰产性稳定,经济效益好。但自花不实,栽植时需配置授粉树。

## 第五节　组装配套技术

### 一、育苗

李树苗木的培育与其他果树一样,大都采用嫁接繁殖,育苗程序也同其他果树类似。以各地的实践经验看,毛桃、山桃、山杏、毛樱桃、李等均可作为李树的砧木。选择砧木还要根据不同气候土壤条件而定。南方多用本砧(李砧),其嫁接亲合力强,生长结果均好,但易发生根蘖;用桃作砧木,生长迅速,但对低洼黏重土壤不甚适宜,且寿命较短,根癌病较多。北方嫁接李树,常用本砧、毛桃砧、山桃砧等,还有杏砧、毛樱桃砧。本砧较适宜平原地区,耐涝性较强;杏砧、山桃砧则抗寒抗旱力较强,适宜山地、丘陵等地;毛樱桃根系较浅,抗旱性较差,应该种植在有灌溉条件的地方。

### 二、造林

#### (一)园地选择

李树适应性强,对土壤要求不严,但要确保李树的高产,还是以土层深厚、肥沃、保水性能好的土壤为宜。要有排水、灌溉设施。低洼、排水不良,易受晚霜为害或风口处不宜选作李园。

**(二)整地挖穴**

平原地区如有条件应进行全园深翻,并增施有机肥,深翻 40 ~ 50 cm,然后挖定植穴,穴深 60 ~ 70 cm,直径 60 ~ 70 cm。栽植穴的大小也要根据土质来确定,土质好的挖小穴,土质不好的要挖大穴。表土和心土要分开放置。

**(三)适当密植**

李树属小乔木,冠小、结果早,宜适当密植,密度依土壤条件与管理水平而定。土质好、管理水平高的可适当稀些;反之,则宜密植。一般株行距为 3 m×4 m 或 3 m×5 m,每亩栽 44 ~ 56 株,密植园每亩 83 株,高密植园株行距为 1.5 m×2.5 m,每亩栽 170 株,6 ~ 8 年后隔行或隔株间除为 3 m×5 m 或 3 m×4 m。

**(四)选用壮苗**

壮苗应具备以下标准:

(1)根系。主侧根应长于 20 cm,须根较多,根系完整,无劈裂,且无病虫害。特别注意应无根瘤病。

(2)枝干。要生长充实,表面有光泽,距接口以上 5 ~ 10 cm 处直径应在 1 ~ 1.5 cm,高度在 1 ~ 1.5 m,芽体饱满、充实、无病虫害。

**(五)选择优良品种**

品种选择应依据当地气候、土壤和市场需求,选用具有结果早、丰产、抗病性强、品质优良、个大、色艳、耐贮运、鲜食兼加工等特点的品种作为主栽品种。城市郊区以发展鲜食品种为主,早、中、晚熟品种适当搭配。边远山区选耐贮运品种,小果园一般选 1 ~2 个主栽品种即可。

**(六)配置授粉树**

李树品种有自花结实和自花不实两类。自花授粉不实品种,必须配置授粉树。即使是自花结实的品种,也要配置授粉树或与 3 ~ 4 个品种混栽,这样能显著提高坐果率,增加产量。授粉品种要求与主栽品种花期一致、花粉量大、授粉亲和力强、果实品质较好的品种,主栽品种与授粉树配置比例为(5 ~ 6)∶1。

**(七)栽植**

表土和腐熟好的土粪掺匀后填入树穴底层,心土放在表层。每亩施 2 000 ~ 4 000 kg 底肥,严禁施鲜粪做底肥,以免伤根。春季栽植时要先查看苗木情况,苗木若有失水,应于室内用清水浸根 1 昼夜,使苗木充分吸水后再栽植。栽植时间一般以当地李树初花期前 5 ~ 10 天为宜。定植的深度通常以苗木根颈与地面平为准。接口应在迎风面,根系要伸展,然后培土、踏实、灌水,水渗后再封穴,培一土堆,以利于保水和防止风吹树摇,影响成活。封穴后也可整平树盘,覆盖地膜。每株苗用 1 $m^2$ 的膜,能覆膜的在栽植后每隔 10 ~ 15 天浇水 1 次,连续 2 ~ 3 次。每 100 株加栽 3 ~ 5 株,以便来春补栽。

## 三、土肥水管理

**(一)土壤管理**

首先要进行土壤的深翻熟化,以此来改善土壤结构,提高土壤的通透性。对土层较薄的地段,在栽树前要挖大穴进行换土,栽树后随树龄的增加和树体的增大逐年深翻扩穴,深度达 30 cm 左右。

### (二)肥水管理

李树生长快、结果多,根据其特点,肥水管理要适时。首先要抓好秋季早施基肥,施肥种类以土粪、圈粪为主,并加入少量化肥,一般采果后即施。生长期(自开花后到采果前)每半个月追肥1次,氮、磷、钾的比例依树势而定,一般采用(1.2~1.5):1:1,还可结合喷药加0.3%~0.5%尿素或磷酸二氢钾进行叶面喷肥。每次施肥后应及时灌水,或下雨前后趁墒施肥。花前(当花序伸出时)灌水有利于坐果,花后灌水能促进幼果发育与新梢生长,防止落花落果。落叶后至地冻前灌封冻水有利于越冬,防止抽条。早春土壤解冻后,李树萌芽时灌解冻水,有利于根系生长和花芽膨大。

### (三)间作

定植1~3年的李园,行间可间作花生、豆类、薯类等矮秆作物,以短养长,增加前期经济效益,但要注意与幼树应有1 m左右的距离,以免影响幼树的生长。

## 四、整形修剪

### (一)整形

李的适宜树形根据中心干的强弱而定。中心干弱或不明显的品种以自然开心形为宜,中心干明显的品种以双层疏散开心形或主干疏层形为宜。

#### 1. 自然开心形

于50~60 cm处定干。从剪口下长出的新梢中选留3~4个生长健壮、方向适宜、夹角较大的新梢作为主枝,其余的枝条,生长强的疏去或短截,生长中等的则进行摘心,以保证选留的枝苗壮成长。第一年冬季,主枝剪留60 cm左右,剪口芽选用外芽,目的是使枝条开张度加大,除选留的主枝外,竞争枝一律疏剪。第二年春天,在剪口下芽长出的新梢中选出角度大、方向正的健壮枝条作为主枝延长枝培养,其余枝条作适当控制,在整个生长季节中,宜进行2~3次修剪,控制各个枝条,使之生长均匀。及时疏去竞争枝,生长中等的斜生枝要尽量保留或轻剪,促使提早形成花芽。冬季,主枝延长枝剪留60 cm左右,其余的枝条按空间大小去留,一般宜轻剪甩放。第三年,按上述方法继续培养主枝延长枝,并在各主枝的外侧选留1枝作第一侧枝,各枝上的侧枝分布要均匀,避免相互交错重叠。侧枝的角度要比主枝的大,保证主侧枝的从属关系,按此方法,每个主枝上选留2~3个侧枝,4年即可基本完成树形。

#### 2. 主干疏层形

幼苗定植后,在60~80 cm处定干,留有中心领导干。全树有主枝6~7个,分3层着生于主干和中心领导干上。第1层留3个主枝,在每个主枝上,培养3~4个背斜侧枝;第2层留2个主枝,每个主枝上,培养2个侧枝;第3层留1~2个主枝,各主枝上选留1个侧枝。各层间的距离,由下而上依次为60 cm和50 cm。主干疏层形主枝较多,分布均匀,整个树冠呈半圆形或圆头形,可充分利用空间,结果面积大,产量高。适用于长势较强、干性明显和层次较强的品种和土质较肥沃的李园采用。

### (二)修剪

#### 1. 幼树修剪

延长枝轻短截,角度小的可拉枝扩角,尽快扩冠,有空间处多留辅养枝,平斜细弱枝缓放不剪，直立枝向空处拉平缓放，徒长枝疏除或拉平改造。缓放 1 ~ 2 年已形成短枝的枝条，强枝疏去抑前促后，增强下部花束状果枝长势，提高坐果能力，生长季节及时抹去位置不当的萌蘖，疏去过密枝与徒长枝，对强旺枝进行摘心或短截。

2. 结果树修剪

对盛果期的树，要力求保持健壮树势，对上层和外围枝去旺留壮，留下的枝缓放，以培养高质量的花束状果枝。对枝组疏弱留壮，去老留新，多年生衰弱枝组要有计划地分批回缩；对衰弱的骨干枝，在分枝处回缩，抬高枝头，增强树势。

3. 衰老树修剪

当李树的树势明显减弱，结果量明显降低时，证明树已衰老。此时修剪的目的是恢复树势，维持产量，修剪以冬剪为主，促进更新。在加强肥水管理的基础上，适当重截，去弱留强，对弱枝头，及时回缩更新，促进复壮。

## 五、花果管理

### （一）授粉

人工授粉是提高坐果率最有效的措施，采集花粉要从亲和力强的品种树上采集。

1. 人工点授

在李树花朵至大蕾期采集花粉（最好是多个品种的混合花粉），阴干后备用，当全树花开至 50% 以上时，将混合好的花粉点在柱头上。

2. 喷雾授粉

在李树盛花期，把采集好的花粉混入 10% 的糖液中，用喷雾器向树上喷雾。为了增加花粉活力，可加入 0.1% 硼酸，比例为水 10 kg，砂糖 1 kg，花粉 50 mL，再加入硼酸 10 g。

3. 花期放蜂与挂罐

花期在园内放养蜜蜂（200 ~ 300 头/亩）或角额壁蜂（30 ~ 40 头/亩）。另外，花期可在李树上挂瓶罐，内置清水，插入其他品种的花枝。

### （二）花期喷施激素或营养元素

花期喷施 0.4% ~ 0.5% 硼砂，或喷施 50 ~ 100 μg/g 防落素，或 100 μg/g 赤霉素等。在干燥的年份于花期喷施清水，同样可以提高坐果率。

### （三）疏果

疏果能适当增大李果果个，提高商品价值，还可保证连年丰产稳产。因此，李树在坐果过多时必须进行疏果。疏果量的确定应根据品种特性、果个大小、肥水条件等综合因素加以考虑。疏果在生理落果结束后立即进行。对坐果率高的品种，应早疏，并一次性定果。一般每个短果枝留 1 个果实，对果实大的品种应留稀些，反之留密一些。肥水条件好，树势强健可适当多留果，而肥水条件差，树势又弱的树一定少留。

## 六、主要病虫害防治

### （一）主要病害及防治

1. 褐腐病

又称果腐病，是桃、李、杏等果树果实的主要病害，在我国分布普遍。

症状：褐腐病可为害花、叶、枝梢及果实等部位，果实受害最重，花受害后变褐、枯死，常残留于枝上，长久不落。嫩叶受害，自叶缘开始变褐，很快扩展全叶。病菌通过花梗和叶柄向下蔓延到嫩枝，形成长圆形溃疡斑，常引发流胶。空气湿度大时，病斑上长出灰色霉丛。当病斑环绕枝条一周时，可引起枝梢枯死。果实自幼果至成熟期都能受侵染。但近成熟果受害较重。

发病规律：病菌主要以菌丝体在僵果或枝梢溃疡斑病组织内越冬。第二年春产生大量分生孢子，借风雨、昆虫传播，通过病虫及机械伤口侵入。在适宜条件下，病部表面长出大量的分生孢子，引起再次侵染。在贮藏期间，病果与健果接触，能继续传染。花期低温多雨，易引起花腐、枝腐或叶腐。果熟期间高温多雨，空气湿度大，易引起果腐，伤口和裂果易加重褐腐病的发生。

防治方法：

（1）消灭越冬菌源。冬季对树上树下病枝、病果、病叶应彻底清除，集中深埋或烧毁。

（2）喷药防治。在花腐病发生严重地区，于初花期喷布70%甲基托布津800～1 000倍液。无花腐发生的果园，于花后10天左右喷布65%代森锌500倍液，或50%代森铵800～1 000倍液，或70%甲基托布津800～1 000倍液。之后，每隔半个月左右再喷1～2次。果实成熟前1个月左右再喷1～2次。

2. 穿孔病

穿孔病是核果类果树（桃、李、杏、樱桃等）常见病害，分细菌性和真菌性两类。以细菌性穿孔病发生最普遍，严重时可引起早期落叶。真菌性又分褐斑、霉斑及斑点三种。

症状：细菌性穿孔病为害叶、新梢和果实。叶片受害初期，产生水浸状小斑，后逐渐扩大为圆形或不规则形，潮湿天气病斑背面常溢出黄白色黏稠的菌浓。病斑脱落后形成穿孔或有一小部分与叶片相连。发病严重时，数个病斑互相连合，使叶片焦枯脱落。枝梢上病斑有春季溃疡和夏季溃疡两种类型。春季溃疡斑多发生在上一年夏季生长的新梢上，产生暗褐色水浸状小疱疹，宽度不超过枝条直径的一半。夏季溃疡斑则发生在当年新梢上，以皮孔为中心形成水浸状暗紫色病斑，圆形或椭圆形，稍凹陷边缘呈水浸状，病斑形成后很快干枯。果实发病初期生褐色小斑点，后发展成为近圆形、暗紫色病斑。地方稍凹陷，边缘水浸状，干燥后病部发生裂纹。天气潮湿时，病斑出现黄白色菌脓。真菌性穿孔病，霉斑、褐斑穿孔病均为害叶、梢和果，斑点穿孔病则主要为害叶片。它们与细菌性穿孔病不同的是，在病斑上产生霉状物或黑色小粒点，而不是菌脓。

发病规律：细菌性穿孔病病源是细菌，主要在春季溃疡斑内越冬。在李树抽梢展叶时，细菌自溃疡病斑内溢出，通过雨水传播，经叶片的气孔、枝果的皮孔侵入，幼嫩的组织最易受侵染。5～6月开始发病，雨季为发病盛期。霉斑穿孔病菌以菌丝体或分生孢子在病梢或芽内越冬，春季产生孢子经雨水传播，侵染幼叶嫩梢及果实。病菌在生长季节可多次再侵染，多雨潮湿发病重。褐斑穿孔病菌，主要以菌丝体在病叶和枝梢病组织中越冬，翌年形成分生孢子，借风雨传播侵染叶片、新梢和果实。斑点穿孔病，主要以分生孢子器在落叶中越冬，翌年产生分生孢子，借风雨传播。

防治方法：

（1）加强栽培管理，清除病原。合理施肥、灌水和修剪，增强树势，提高树体抗病能力;生长季节和休眠期对病叶、病斑、病果及时清除,特别是冬剪时,彻底剪除病枝,清除落叶、落果,集中深埋或烧毁,消灭越冬菌原。

(2)药剂防治。在树体萌芽前刮除病斑后,涂25~30波美度石硫合剂,或全株喷布1:1:(100~200)波尔多液,或喷4~5波美度石硫合剂。生长季节从5月上旬开始每隔15天左右喷药一次,连喷3~4次,可用50%代森铵700倍液,50%福美双可湿性粉剂500倍液,硫酸锌石灰液(硫酸锌0.5 kg、石灰2 kg、水120 kg),0.3波美度石硫合剂等。

3.细菌性根癌病

受害植株生长缓慢,树势衰弱,产量低。

症状:细菌性根癌病主要发生在李树的根颈部,嫁接口附近,有时也发生在侧根及须根上。病瘤形状为球形或扁球形,初生时为黄色,逐渐变为褐色到深褐色,老熟病瘤表面组织破裂,或从表面向中心腐烂。

发病规律:细菌性根癌病病菌主要在病瘤组织内越冬,或在病瘤破裂、脱落时进入土中,在土壤中可存活1年以上。雨水、灌水、地下害虫、线虫等是田间传染的主要媒介,苗木带菌则是远距离传播的主要途径。细菌主要通过嫁接口、机械伤口侵入,也可通过气孔侵入。细菌侵入后,刺激周围细胞加速分裂,导致形成癌瘤。此病的潜伏期从几周到1年以上,以5~8月发病率最高。

防治方法:

(1)繁殖无病苗木。选无根癌病的地块育苗,并严禁采集病园的接穗,在苗圃刚定植时发现病苗应立即拔除,并清除残根集中烧毁,用1%的硫酸铜溶液消毒土壤。

(2)苗木消毒。用1%硫酸铜溶液浸泡1分钟,或用3%次氯酸钠溶液浸根3分钟,杀死附着在根部的细菌。

(3)刮除病瘤。早期发现病瘤,及时切除,用30% DT胶悬剂(琥珀酸铜)300倍液消毒保护伤口。对刮下的病组织要集中烧毁。

**(二)主要虫害及防治**

1.蚜虫

为害李树的蚜虫主要有桃蚜、桃粉蚜和桃瘤蚜三种。

症状:桃蚜为害使叶片不规则卷曲;瘤蚜为害造成叶从边缘向背面纵卷,卷曲组织肥厚,凸凹不平;桃粉蚜为害使叶向背面对合纵卷,且分泌白色蜡粉和蜜汁。

发生规律:以卵在枝梢芽腋,小枝叉处及树皮裂缝中越冬,第二年芽萌动时开始孵化,群集在芽上为害。展叶后转至叶背为害,5月繁殖最快,为害最重。蚜虫繁殖很快,桃蚜一年可达20~30代,6月桃蚜产生有翅蚜,飞往其他果树及杂草上为害。10月再回到李树上,产生有性蚜,交尾后产卵越冬。

防治方法:

(1)消灭越冬卵。刮除老皮或萌芽前喷含油量55%的柴油乳剂。

(2)药剂涂干,用50%久效磷乳油2~3倍液,在刮去老粗皮的树干上涂5~6 cm宽的药环,外缚塑料薄膜。但此法要注意药液量不宜涂得过多,以免发生药害。

(3)喷药。花后用5%吡虫啉3 000倍液喷布1~2次。

2. 山楂红蜘蛛(也称山楂叶螨)

症状:以成、幼、若螨刺吸叶片汁液进行为害。被害叶片初期呈现灰白色失绿小斑点,后扩大,致使全叶呈灰褐色,最后焦枯脱落。严重发生年份有的园子7～8月树叶大部分脱落,造成二次开花。严重影响果品产量和品质,并影响花芽的形成和下年的产量。

发生规律:每年5～9代,以受精雌螨在枝干树皮裂缝内和老翘皮下,或靠近树干基部3～4 cm深的土缝内越冬。也有在落叶下、杂草根际及果实梗洼处越冬的。春季芽体膨大时,雌螨开始出蛰,日均温达10 ℃时,雌螨开始上芽为害,是花前喷药防治的关键时期。初花至盛花期为雌螨产卵盛期,卵期7天左右,第一代幼螨和若螨发生比较整齐,历时约半个月,此时为药剂防治的关键时期。进入6月中旬,气温增高,红蜘蛛发育加快,开始出现世代重叠,防治就比较困难,7～8月螨量达到高峰,为害加重,但随着雨季来临,天敌数量相应增加,对红蜘蛛有一定的抑制作用。8～9月逐渐出现越冬雌螨。

防治方法:

(1)消灭越冬雌螨。结合防治其他虫害,刮除树干粗皮、翘皮,集中烧毁,在严重发生园子可在树干缚草把,诱集越冬雌螨,早春取下草把烧毁。

(2)喷药防治。花前在红蜘蛛出蛰盛期,喷0.3～0.5波美度石硫合剂,也可用杀螨利果、霸螨灵等防治;花后1～2周为第一代幼、若螨发生盛期,用5%尼索朗可湿性粉剂2 000倍液防治,效果甚佳。打药要认真细致,不要漏喷。

3. 卷叶虫类

为害李树的卷叶虫以顶梢卷叶蛾、黄斑卷叶蛾和黑星麦蛾较多。

症状:顶梢卷叶蛾主要为害梢顶,使新的生长点不能生长,对幼树生长为害极大。黄斑卷叶蛾、黑星麦蛾主要为害叶片,造成卷叶。

发生规律:顶梢卷叶蛾、黑星麦蛾一年多发生3代,黄斑卷叶蛾一年发生3～4代,顶梢卷叶蛾以小幼虫在顶梢卷叶内越冬。成虫有趋光性和趋糖醋性。黑星麦蛾以老熟幼虫化蛹,在杂草等处越冬,黄斑卷叶蛾越冬型成虫在落叶、杂草及向阳土缝中越冬。

防治方法:顶梢卷叶蛾应采取人工剪除虫梢为主的防治,药剂防治效果不佳。黄斑卷叶蛾和黑星麦蛾可通过清洁田园消灭越冬成虫和蛹;也可人工捏虫;在幼虫未卷叶时喷灭幼脲三号或触杀性药剂进行药物防治。

4. 李实蜂

在李果产区均有发生,某些年份有的李园因其危害造成大量落果甚至绝产。

症状:幼虫蛀食花托和幼果,常将果核食空,果长到玉米粒大小时即停止,然后蛀果全部脱落。

防治方法:

(1)成虫羽化出土前,深翻树盘,将虫茧埋入深层,使成虫不能出土。

(2)摘除被害虫果,并清除落地虫果,集中深埋或烧毁。

(3)在幼虫脱果入土前或成虫羽化出土前在李树树冠下喷50%辛硫磷600倍液。

(4)成虫期喷药。在初花期成虫羽化盛期,树冠、地面喷2.5%溴氰菊酯乳油2 000倍液,可有效地消灭成虫。

# 第八章　杏

## 第一节　树种特性及适生条件

### 一、生物学特性

杏(*Prunus armeniaca* L.)是蔷薇科李属梅亚属的一种落叶乔木,高达5～8 m,胸径30 cm。干皮暗灰褐色,无顶芽,冬芽2～3枚簇生。单叶互生,叶卵形至近圆形,长5～9 cm,宽4～8 cm,先端具短尖头,基部圆形或近心形,缘具圆钝锯齿,羽状脉,侧脉4～6对,叶表光滑,叶背有时脉腋间有毛,叶柄光滑,长2～3 cm,近叶基处有1～6个腺体,花两性,单花无梗或近无梗;花萼狭圆筒形,萼片花时反折;花白色或微红,雄蕊25～45枚,短于花瓣,果球形或卵形,熟时多浅裂或黄红色,微有毛。种核扁平圆形,花期3～4月,果熟6～7月。

根。杏是深根性果树,根系生长能力极强,侧根多呈直角着生,多数分布在10～50 cm土层。根组织细胞体积小,厚壁细胞壁厚,细胞排列紧密,组织不易失水,所以杏根具有较高的抗旱力。

芽。杏树的芽属早熟性芽,很小,根据外部形态和内部构造分为叶芽和花芽两大类,叶芽瘦小,呈长三角形,内含有枝叶原始体,萌发后根据营养状况及着生的位置,成为长、中、短枝,是扩大树冠和增加结果面积的基础。杏树的花芽是纯花芽,比较肥大。杏树潜伏芽的寿命很长,20～30年后,当主枝受到强烈刺激时,仍可萌发成枝,这为进入衰老期的杏树树冠更新复壮创造了有利条件。

开花结果习性。由于杏树具有早熟性的芽,因种子实生繁殖的杏苗,一般在3～4年后开始结果,用嫁接法繁殖的杏树苗第二年就可开花结果,定植后7年左右进入盛果期,以15～30年生杏树产量最高,盛果期可维持30～40年之久,如果栽培管理条件能够满足杏树生长要求,盛果期持续时间还会更长,杏的花芽多为侧芽,生长过旺的徒长枝上不易形成花芽,在生长势中庸和健壮的结果枝上,花芽形成较多。

### 二、栽培情况

在我国,杏树主要在黄河流域等地栽培,尤以河北、北京、河南、山东、山西、陕西、甘肃、宁夏、新疆各省(市、区)栽培较多。目前在我国北方地区有广泛的栽培。河南省南阳、三门峡、安阳、洛阳、新乡、许昌、开封等7市占全省杏种植面积的近85%。南阳、新乡、许昌、开封的种植品种以金太阳、凯特、红丰、新世纪、金星梅等新品种为主,三门峡、洛阳、安阳以仰韶杏、滑县平顶杏、贵妃杏、辉县大接杏为主。南阳、安阳、三门峡、洛阳的浅山丘陵区种植的仁用杏品种有圆仁、油仁、丰仁等。

## 三、对立地条件、气候要求

杏树适应性强，耐干旱、瘠薄，但杏树具有开花早、耐旱怕涝的特点，在生产中很容易遭受花期晚霜和夏秋涝害。

**（一）立地条件**

杏树对土壤要求不严。除积水的涝洼地外，各种类型的土壤均可栽培。在土层深厚肥沃、排水良好的沙质壤土中生长结果最好。杏树在丘陵、山地、平原、河滩地都能生长。

**（二）气候条件**

1. 温度

杏树喜温、耐寒，适宜的年平均温度为6～12 ℃，树体冬季休眠期在－30 ℃条件下能安全越冬。杏树虽然很耐低温，但开花期和幼果期对低温却很敏感。杏花受冻的临界温度为初花期－3.9 ℃，盛花期－2.2 ℃，坐果期－0.6 ℃，低于临界温度，就会遭受冻害。杏也能耐高温，新疆哈密市夏季平均最高温度36.3 ℃，绝对最高温度可达43.9 ℃，仍能正常生长结果。

2. 水分

新梢迅速生长、果实发育、花芽分化期间要有一定的水分供应，缺水会抑制生长，大量落花落果、减产，影响品质并增加雌蕊败育花。杏不耐涝，水分过多会发生早期落叶、烂根、减产、质劣、裂果直至全株死亡。

3. 光

杏树喜光。光照充足结果好，着色好，含糖量增加；光照不足，枝条徒长，树冠内部光秃，结果部位外移，果实着色差，酸度增加，品质下降。光照条件也影响花芽分化的质量。

# 第二节　发展现状与发展空间

## 一、发展现状

杏是我国北方主要栽培的果树之一，曾经在我国果品生产中占有十分重要的地位，在古代被列为“五果”之一。但目前我国杏树发展存在一些问题。一是不同用途杏品种间发展不平衡。按果实用途不同杏分为鲜食、加工和仁用三大类。近年来，由于市场的变化，杏树得到了快速发展。但是不同用途杏品种间发展极不平衡。新发展杏基地几乎全部种植或准备种植仁用杏。仁用杏属于干果类果品，比较容易贮藏，目前有较好的国际市场，人们把发展仁用杏作为发家致富的重要途径。相对于仁用杏的发展，鲜食和加工类杏树的发展缓慢。二是对杏果实深加工及产业化龙头作用认识不足。对杏果加工品种类型把握不准，缺乏研制开发新的加工工艺及保持传统加工品质量，要培育龙头企业，加大杏加工量，开发杏汁产品等。三是管理粗放，集约化程度低，种植栽培技术尚待改进。多数产区只重视发展，忽视管理，有的不清楚应如何管理。新发展杏基地普遍没有配置授粉树，部分基地品种混杂，所选用的品种不是目前生产上推广的最优良品种，田间管理跟不上，还存在栽植成活率低，杏树定植后未定干，改劣换优方法不当，修剪、施肥及嫁接技术有待改进等问题。四是栽培存在着面积小,产量低而不稳,经济效益差等问题。

## 二、发展空间

河南省是杏的适宜发展区,适宜种植鲜食杏、加工杏和仁用杏,目前河南省以鲜食杏发展为主,面积最大,加工杏、仁用杏发展很少,加工企业更少,严重制约了河南省杏产业的发展。河南省山区、丘陵、坡地面积大,为杏树种植提供了广阔的发展空间,大力发展加工杏、仁用杏,开展加工增值,是今后一段时期内发展的方向。

# 第三节 经济性状、效益及市场前景

## 一、经济性状

### (一)丰富市场

杏果实成熟早,成熟期正值春夏之交鲜果淡季,对丰富鲜果供应市场有重要作用。

### (二)用途广泛,是重要的加工原料

杏果实鲜艳美观,汁多味甜,芳香浓郁,营养丰富。杏果除鲜食外,还可制杏干、杏脯、杏酱、杏汁、杏酒及糖水杏罐头等多种加工品。甜杏仁香甜可口,既可生食,又可熟食,是传统的出口商品之一,在国际市场上有很好的声誉。杏仁是优良的滋补品和食品工业原料,可制作杏仁霜、杏仁露、杏仁罐头、杏仁茶等。

### (三)营养价值高

据分析,每100 g果肉含糖10 g、蛋白质0.9 g、胡萝卜素1.79 g、硫胺素0.02 mg、核黄素0.03 mg、尼克酸0.6 mg、维生素C 7~12 mg,热量164.1 kJ。

每100 g杏仁含有23%~27%的蛋白质、50%~64%的粗脂肪和10%左右的糖类,还含有人体所必需的钙111 mg、磷338 mg、铁7 mg,含有大量的胡萝卜素、硫胺素、尼克酸和抗坏血酸等维生素类物质。

### (四)医疗保健作用突出

杏果实所含的多种维生素和氨基酸,具有抗衰老作用,是人体保健佳品。杏仁是传统的中药材,甜杏仁性平、味甘、无毒,可滋润清泻、润肺止咳;苦杏仁性温、味苦、有小毒,能止咳化痰、清热润肺、消肿祛风、杀虫除疥。

### (五)杏树适应性强

杏树适应性强,抗旱性强,耐瘠薄,结果早,管理容易。在山区、沙荒地和丘陵干旱地栽培也能获得好的产量。在山区栽植可以保持水土,在沙荒地栽植可以防风固沙。

### (六)木材及副产品用途多

杏树的木材色红、质坚、纹理细致,可以加工成家具和各种工艺品。杏树叶子是很好的家畜饲料,干叶含蛋白质12.14%、粗脂肪8.67%、粗纤维素11.44%。杏树皮可提取单宁和杏胶。杏壳是烧制优质活性炭的原料。

## 二、效益

杏树全身是"宝",用途很广,经济价值很高,在我国北方,尤其在贫困干旱地区种植

杏树,是农民脱贫致富的一项重要经济来源。杏树定植 2～3 年即开始结果,可以较早获得经济收益。杏树比其他果树寿命都长,存活率可达 200 年以上,可以维持近百年的盛果期。盛果期亩产量一般可达 1 500 kg。按近年市场收购平均价格计算,种植仁用杏每亩可获 3 000 元收益(2 元/kg),种植鲜食杏每亩可获 6 000 元收益(4 元/kg)。

### 三、市场前景

栽植杏树具有可持续发展性,它的果实(主要是种仁)的经济价值足以使当地人民的生活达到温饱,走向小康。杏树这种宜林宜果的双重价值决定了它在山地、丘陵、岗坡地造林中的地位。可以预见,在今后的十几年内,以仁用杏为主体的山杏、甜仁杏将得到大力发展。

杏果与杏仁具有很高的营养价值与保健价值,尤其在防癌、治癌及心血管保健方面的价值,愈来愈受到人们的关注,优质杏果的价格远在苹果、梨、桃等之上,杏的加工品,如杏酱、杏汁等,在果品加工类中是价格最高的,且大部分出口,国内市场很少。市场的需求是推动杏业发展的动力。肉用杏的发展将会持续,随着肉用杏的发展,其加工业也会应运而生。反过来,又会促进肉用杏的发展,形成一条良性发展的道路。我国是世界重要的鲜杏生产大国和最大的杏浆生产国,生产出的鲜杏及杏制品质优价廉。杏浆生产和贸易量占全球的比重均超过 50%,巨大的市场需求使杏产业具有较大的发展前景。

## 第四节　适宜栽培品种

### 一、金太阳杏

由山东省果树研究所自美国引入。

早熟品种,平均单果重 66.9 g,最大 87.5 g。果实近圆球形,果顶平,缝合线浅平,两半部对称,果面光洁,底色金黄色,阳面着红晕。果肉黄色,离核,肉质细嫩,纤维少,汁液较多,有香气,品质上等。抗裂果,较耐贮运,在河南 5 月底 6 月初成熟。

### 二、凯特杏

原产于美国。树势强,早实丰产、稳产。适应性广,抗性强,耐瘠薄。自花结实,果实长圆形,缝合线浅,果顶平,果柄短。平均单果重 105 g,最大 140 g。果皮浅黄色,不易剥离。果肉橙黄色,成熟时肉质细脆,过熟后果肉变软,汁液丰富,风味甜,可溶性固形物含量 12.7%。果核小,离核,苦仁。在河南 6 月上中旬成熟采收。

### 三、红丰

由山东农业大学园艺系培育,亲本为二花槽×红荷包。

果实近圆形,果个大,品质优,外观美丽,商品性好,平均单果重 68.8 g,最大果重 90 g,肉质细嫩,纤维少,可溶性固形物含量 16% 以上,汁液多,浓香,纯甜,品质特上,半离核。果面光洁,果实底色橙黄色,外观 2/3 为鲜红色,为国内外最艳丽漂亮的品种。一般成熟期5月10~15日。极早熟,商品性极高。早果,丰产性强,树冠开张,萌芽率高,成枝力弱,花期比华北杏晚5~8天,正好能避开晚霜危害。露地、棚栽均可。

### 四、新世纪

由山东农业大学陈学森教授采用胚培育种技术选育成功的早熟杏新品种。

果实卵圆形,平均单果重73.5 g,最大果重108.0 g,缝合线深而明显,果面光滑,果皮底色橙黄色,外观着粉红色,肉质细,香味浓,味甜酸,风味浓,品质佳。果肉含可溶性固形物15.2%,离核,仁苦,5月26~29日成熟,果实发育期58天。市场竞争力强,适宜露地和暖棚种植。

### 五、珍珠油杏

1985年在泰沂蒙山脉旋固山发现的一实生单株。果实椭圆形,果顶稍平,缝合线明显,两侧对称。平均单果重26.3 g,最大果重38 g。幼果绿色,成熟后橙黄色,半透明,着色均匀,表面光滑,似涂一层油脂。果肉橙黄色,韧而硬,味浓甜,具哈密瓜香气,品质上。可溶性固形物含量24%,含糖量18.75%。果实成熟后15天不变软,耐贮运。离核,核光滑,核壳薄,核重1.96 g。种仁饱满,仁重0.67 g,出仁率34.2%,是一个适宜鲜食、制干和仁用的兼用品种。3月中旬初花,3月22日前后盛花,花期13天左右,6月20日前后成熟,果实发育期80天左右。

### 六、名堂红

山东省果树研究所选育。

果实底色金黄色,阳面着红晕,成熟时离核,甜仁,果形端正,果实硬度大,较耐贮运,果实成熟时可溶性固形物含量12.5%左右,极丰产,在河南6月中下旬成熟。

## 第五节 组装配套技术

### 一、育苗

#### (一)砧木苗的培育

1. 苗圃地的选择与整地

苗圃地应选择灌水、排水条件良好,地势平坦,背风,向阳,土层深厚,土质疏松肥沃的土壤。避免重茬,前茬作物是果园或果树苗圃的土地不能用于育苗。土地要及时平整,全面深耕,同时结合深翻、整地每亩施入农家肥3 000~4 000 kg,另外,还可加入10 kg氮磷钾复合肥。土壤须彻底消毒,然后灌水,深翻,细耙作床。

2. 砧木种子的选择与处理

杏苗用山杏作砧木最好,也可用普通杏作砧木。杏种子从成熟到发芽需经过后熟阶段解除休眠,才能发芽。由于杏种子种壳坚硬,不易吸水,故播种前需要经过处理,种子经浸水种皮软化,种子吸水膨胀,促进物质转化,促进胚的发育。

(1)沙藏层积处理。选择地势较高、通风好、背风向阳、不易积水的地方,挖深80 cm,宽100 cm,长度视种子数量而定,沟底铺一层10 cm的半湿河沙,以手握可成团又不滴水为宜。然后将种子与半湿河沙按1∶3的比例放入沟中,或一层种子一层半湿河沙,每层种子厚度8 cm左右,种子填至距地面20 cm,最后填盖河沙至略高于沟平。层积沙藏沟内温度保持0~5 ℃,河沙的湿度保持持水量的60%左右。为防止种子发霉,可在沟内每隔50 cm立一个秸秆把,层积的时间为70~90天,可在前一年的12月底至1月初开始催芽,3月初播种。当有70%以上的杏核"张嘴""吐白"时,即可播种。

(2)快速催芽法。如种子来不及沙藏,又要按时春播,可采用此法,在播前20天,把杏种倒入80 ℃左右的水中,边倒边搅拌,约30分钟后捞出,倒入冷水中浸泡48小时,每24小时换一次水,捞出后与2~3倍种子量的半湿河沙搅拌在一起,保持湿度于25~30 ℃条件下进行高湿催芽,约待70%的杏核裂嘴时即可播种。

3. 播种

秋播可不用处理种子。在河南以春播为宜,翌春土壤解冻后,及时整地,保墒,作床。选已"裂嘴"或发芽的种子点播,按株距10 cm、行距25 cm和60 cm宽窄行,沟深5 cm。点播,播后覆土、镇压、覆盖地膜。苗出土后注意及时抠芽,使其露出膜外,以防灼伤幼苗。

4. 砧木苗的管理

当幼苗出齐,长到2~3片真叶时,进行第一次间苗,当长到20 cm、5~6片真叶时进行定苗,去弱留强,苗距10~15 cm。苗期应加强肥水管理,适时浇水,但切勿漫灌,避免发生积水,每次灌水3~5天后要及时中耕除草,要注意浅耕,防止损伤根系,浅锄勤锄能起到保墒和提高地温的作用。第一次追肥在定苗后进行,以后每月追肥一次,每次每亩施入尿素10~15 kg,或视原来土地肥力状况而定。砧木苗长到35 cm时进行摘心。

### (二)嫁接苗的培育

1. 嫁接方法

育苗当年6月后,当砧木距地表15~20 cm处的粗度达到0.8~1 cm时,即可适时嫁接。杏树的嫁接方法有很多,这里仅介绍带木质部嵌芽接的方法:用手握接穗,粗头朝下,从接穗芽下方0.5~1 cm处,以45°角向下斜切入一刀至木质,再于芽尖上方1~1.5 cm处向下斜切入一刀至木质部1~2 mm,向下推刀至第一刀的地方,即可取下一个带有一薄木质的芽片,砧木切口的削法与削芽相仿。在砧木茎距地面15~20 cm处(防水淹),选平滑部位(最好在茎干的西北面),先以45°角向下斜切入一刀至木质,再从上向下斜入推刀至第一刀的地方,即切除了一块树皮,注意切口要稍大于芽片,将芽片迅速嵌入切口,对齐形成层,绑紧。此嫁接法具有操作简单、易学、速度快、成活率高等优点。

2. 嫁接注意事项

(1)嫁接技术要熟练,动作要迅速,以减少切面暴露在空气中的时间,削面平滑,绑缚紧严,避免或减轻因单宁氧化而产生的隔离层。

(2)8月底至9月嫁接成活后不剪砧,不解绑,且绑时将芽眼一起绑入,仅将叶柄外露。来年3月中旬树液未流动前剪砧,解绑,可提高接芽的越冬能力。

3. 嫁接苗的管理

嫁接一周后即可检查成活情况,嫁接死亡可立即补接。对嫁接已成活的要立即剪砧、解绑,剪砧后要及时除去萌蘖。加强肥水管理,8月下旬后不再追肥,适量控水。

## 二、造林

### (一)园址选择

建园应注意选择良好的生态环境,防止大气、水、土壤受废气、废水、废渣及一些有害物质污染,最好能远离城区、工业、矿业区及交通要道等污染源。不宜在污染源的下风口和下游建园。

杏树对土壤条件适应性很强,除透气性差的黏重土壤外,在棕壤、黄棕壤、沙砾上都能正常生长。但在土层深厚、土质疏松、肥沃的土壤上生长结果更好。园地应尽量选在地势稍高、排水便利、土层深厚、土质疏松、肥沃的沙质壤土上。土壤质地黏重、透气不好,不仅影响根系生长、树体生长和果实品质,而且容易发生流胶病,使树体早衰甚至死亡。土壤过于瘠薄,保肥保水能力差,杏树生长也不好。对于地势低洼、地下水位较高的地块,若遇到多雨年份很容易积水受涝,给杏树生产带来毁灭性的灾害,这些地方都不宜建立杏园。

杏树开花早,花期易受早春低温危害。在选择园址时,要注意对小地形、小气候的利用。在靠近城郊、村庄的南边及靠近河塘、水库及防护林带的地块,一般晚霜危害相对较轻,比较适于建立杏园。

鲜食杏成熟期比较集中,且大多数品种贮运性较差,供采摘、销售的时间较短,应尽量选择在交通便利的地方建园。另外,杏树忌地现象严重,园址的选择还应避免重茬,最好不要在栽过杏、桃、李、樱桃等果树的地块建园。重茬地应休耕 2~3 年,或深刨土壤,增施有机肥,避开原来的老树穴。

### (二)品种选择及授粉品种配置

优良品种是实现优质、高效的前提。对于鲜食杏品种来说,其经济性状主要应考虑其丰产性、成熟期、果实品质及品种的适应性和抗逆性等。对于金太阳、德州果杏、红丰、新世纪等自花结实能力较差的品种,在建园时应注意选择花期一致、亲和力强、花粉量大、经济效益高的品种作为授粉树,以提高坐果率。

授粉品种与主栽品种的比例一般为 1∶(2~4)。另外,据观察,授粉昆虫顺行活动的概率要显著高于跨行活动。因此,将授粉品种配置到主栽品种行内,有利于传粉昆虫活动,提高授粉机会。

### (三)合理密植

合理确定栽植密度可有效利用土地和光能,实现早期丰产和延长盛果期年限。栽植密度要根据品种的生长特性、土壤、气候条件、栽培管理技术水平等情况综合考虑确定。对于树冠高大的凯特、大棚王和德州果杏等品种,或在一些土层深厚肥沃、水热资源丰富的地区,栽植密度不宜过大,一般栽植株行距以 3 m×(4~5)m 为宜。对于一些树冠矮小紧凑、丰产性强的品种如金太阳等,或对于土质瘠薄、干旱的地块,可采取 2 m×(3~4)m 的株行距进行密植栽培。

## 三、土肥水管理

### (一)改良土壤,培肥地力

为了改良土壤,培肥地力,可在采果后,采用扩穴深翻、条沟深翻、隔行深翻或全园深翻疏松土壤,深度 30 ~50 cm,用三叶草、毛苕子、紫云英、黑麦草或豆科作物压青的方式来培肥地力。

### (二)杏园施肥

施肥是树体生长和产量、品质形成的重要基础,无公害果品生产施肥应遵循有机肥为主,化肥为辅的原则。应重施有机肥,或有机复混肥及高效生物肥,适当减少氮素化肥,以减少果品中的亚硝酸盐含量。禁止施用未经无害化处理的城市垃圾及含有重金属、橡胶等有害物质的垃圾,不得施用硝态氮肥、未完全腐熟的人粪尿和未获批准登记的其他肥料。具体而言,杏园施肥应做好以下几个方面的工作。

1. 搞好秋施基肥

杏树开花早,果实生长发育期短,应特别注意基肥的施用。基肥应以含有机质丰富的厩肥、堆肥、牲畜粪尿、人粪尿等迟效性肥料为主,也可混施部分速效性氮素化肥,以加快肥效。过磷酸钙、骨粉等宜与圈肥、人粪尿等有机肥堆积腐熟,然后作基肥施用。基肥应在秋季施入,即 9 ~10 月结合果园深翻尽早施入,深度一般为 40 ~50 cm。施肥区域应在树冠投影的外缘附近。常用的施肥方法有环状沟施、条状沟施、放射状沟施或全园撒施。生产中应注意变换施肥方法和部位,以提高施肥效果。基肥的施用量,应根据树龄、树势、结果状况和肥料性质而定,对于成年结果大树,一般每亩可施优质有机肥 2 000 ~3 000 kg,施后应灌足水。

2. 适时追肥

在施基肥的基础上,还应根据杏树在一年中的需肥特点,分期追施速效性肥料,以满足杏树在不同的生长、结果时期对营养的需求。追肥的次数和时期与果园的管理水平、土壤营养状况及树体生长状况有关,生产中应根据杏树生长发育规律和不同物候期的需肥特点,在需肥的关键时期进行。杏树从萌芽、抽枝、展叶、开花、坐果至果实成熟持续时间短,器官建造多,需肥量最大,因此杏树追肥应主要集中在春季。进入盛果期的树一般全年应保证三次追肥:花前肥,以氮肥为主,每株 0.25 kg;膨大肥,以磷、钾复合肥为主,每株 0.5 kg;采后肥,以含氮量高的复合肥为主,每株 0.25 kg。

3. 叶面喷肥

为了及时补充树体营养,在生长季还可以多次进行叶面喷肥,关键时期施肥方法如下:萌芽前结合喷药喷布 3% ~5% 尿素水溶液,直接喷到枝干上,可迅速被树体吸收,有利于萌芽和开花;花期喷布 0.3% 硼砂水溶液加 0.3% 尿素水溶液,有利于提高坐果率;生长季多次喷布 0.3% 尿素水溶液及 0.3% 磷酸二氢钾水溶液或 400 倍光合微肥水溶液,有利于改善叶片质量,提高光合效能。

### (三)杏园灌水与排水

杏是耐旱果树,但生产中适时合理灌水,可以促进树体生长,增加产量,提高品质。根据杏树不同物候期的需水特点和自然降雨特点,杏树在一年中一般需要灌好以下几遍水。

1. 花前水

在杏花芽萌动期浇水,一般在花前 15 天左右,可促使杏树花期一致,枝芽生长旺盛,提高坐果率,通过灌水降低地温,可推迟花期 2 ~3 天,有利于避免晚霜危害。

2. 膨大水

在果实膨大期灌水,有利于增大果个,增加产量,改善品质。

3. 封冻水

杏树落叶之后土壤上冻之前灌水,可以提高树体的抗寒能力,有利于树体越冬。而在杏树采果之后,很多地区或一般年份通常会进入雨季,自然降雨即可满足杏树生长发育的需要,除非特别干旱,一般不需要灌水。灌水量不宜过大,以水渗透根系集中分布层,保持土壤最大持水量的70%~80%最为适宜。

灌水方法以沟灌为宜,密植杏园可以在行间挖一条灌水沟,稀植杏园可以在行间每隔2 m左右挖一条灌水沟,沟深20 cm左右,宽30 cm左右,起垄栽培的杏园可以利用行间垄沟进行灌水,水经沟底和沟壁渗入土壤,水分浸润均匀,不破坏土壤结构,用水经济,适合我国生产实际,宜在生产中大力推广。

## 四、整形修剪

通过整形修剪,调节好生长与结果的关系。整形修剪应根据不同品种的生长结果特点、立地条件、栽植密度等,灵活掌握。

近年发展的杏园多采取密植栽培,栽植株行距多为2 m×3 m至3 m×4 m,亩栽株数在55~111株之间,树形以纺锤形应用最多,效果最好。纺锤形的树体结构为:干高50~70 cm,树高2.5~3 m,中心干直立挺拔,保持生长优势。在主干上均匀分布10~15个主枝,主枝间距20 cm左右,主枝角度60°~70°。主枝上短下长,上稀下密,呈单轴延伸,螺旋状排列。在主枝上直接着生各类结果枝组,以结果枝和中小枝组结果为主。主干、主枝和枝组主从分明,枝轴差异明显,各为母枝粗度的1/3左右,当超过母枝粗度的1/3时,就应严格控制。

不同品种具有不同的生长结果习性,整形修剪时也应区别对待,现将几个主要品种的整形修剪要点介绍如下。

### (一)金太阳杏

金太阳杏幼树生长旺,枝条中庸,不用拉枝就能形成合适的角度。但金太阳杏干性较弱,整形修剪时应注意扶持中心干的势力。对于刚栽植的幼树,要留作主枝的枝条,要任其生长以扩大树冠。不是留作主枝的枝条长到40 cm时,对其要全部摘心控长,以促进分枝扩大枝量。尽量多留辅养枝以提前积累养分提早结果。夏季对于主枝上生长的直立枝要进行扭梢以形成花芽促进幼树早结果。冬剪时对主枝短截,一般剪去枝条长度的1/3,以促发新枝增加来年的枝量。

金太阳杏树势中庸,分枝角度大,枝条软,结果后易下垂,易早衰。在冬季修剪中,要截、放、疏、缩结合,注意预备枝的培养和多年生枝的更新,做到树冠内膛不空,外围不旺,树势均衡,年年都有足够的结果枝结果,具体做法是:树冠外围不留强头,枝条要稀,疏除过旺、过密的枝组及1年生枝,一般不进行短截,削弱外部竞争力,打开光路,促进内膛枝生长。对树冠内膛、下部的枝,适当短截1年生枝,回缩衰弱的多年生枝,疏除密挤枝、病虫枝、细弱枝。回缩衰弱、下垂的主、侧枝,抬高角度,恢复树势。在夏季修剪中,及时抹除大枝背上、剪口、锯口上的旺枝、旺芽,对缺枝处发出的旺梢适时摘心、拉枝、别枝,开张角度,控制旺长,培养利用。

### （二）凯特杏

凯特杏幼树期生长势旺，直立性强，该时期修剪应适当短截，以促进分枝，扩大树冠。注意开张主枝角度，选留和培养好的主侧枝，尽量多留辅养枝，以提前积累养分，提早结果，冬剪时，对主侧枝中央领导干进行短截，并疏除背上直立竞争枝、密生枝、交叉枝，短截非骨干枝和交叉枝，促其分枝，培养为结果枝组；夏季对新梢摘心刺激萌发 2 次枝，使树冠早成形。对新梢采用扭梢、拉枝的方式，促进幼树早结果。

### （三）红丰及新世纪

红丰及新世纪整形修剪要注意以下几点：

(1)按疏层形或纺锤形整形时，应注意扶持中心干的优势。

(2)及时摘心(新梢 20～30 cm 时)及时开张角度，夏季(5～8 月)及时清理背上枝，疏除、扭梢或重短截，培养结果枝组。如果背上枝不及时处理，既影响光照，又竞争营养，造成营养生长过剩，最终导致着生背上枝的母枝虽能成花，但形成较多的无效花。

(3)冬季修剪宜早不宜迟，红丰及新世纪的冬季修剪应在落叶后及时进行，已成花的长、中、短果枝均要进行短截或回缩修剪，过弱的果枝可以疏除。为了增加枝量，对红丰应加强春季刻芽和夏季摘心。对于成花能力强的新世纪，冬季修剪时应做到“枝枝修剪”，以便集中有限的营养，提高坐果率。

### （四）大果杏

大果杏幼树直立性强，树冠偏高，易造成上强，光照不良，内膛易空虚，不丰产。所以，应控制树形开张，使树高小于冠径。幼树修剪先截后放，以促进分枝，增加枝量，开张树冠。每年冬剪，主枝延长枝留 2/3 短截。为加快整形，可运用夏季修剪措施。要注意及早拉枝，开张主枝角度，主枝背上直立旺枝要及时疏除，防止内膛郁闭，有空间的可短截或拉开改造成枝组，斜生或背后枝可缓放，结果后回缩成枝组。

## 五、花果管理

### （一）提高坐果率措施

对于红丰、新世纪等品种，在幼树期和初果期败育花比率较高，自花结实能力差，自然坐果率低，为了提高早期产量，增加前期收益，在配置好授粉品种的基础上，生产中可采取人工辅助授粉、果园放蜂等措施提高坐果率。另外，据试验，杏树萌芽前 10 天喷 250 倍 PBO、花期喷 50 mg/L 赤霉素对预防花期霜冻，提高坐果率效果显著。

### （二）疏花疏果

凯特杏、金太阳杏、玛瑙、意大利 1 号等品种成花容易，花量大，坐果率高，结果过多时很容易造成树体营养的浪费，还会导致果实变小、风味变差、商品质量下降，因此必须严格疏花疏果。从节约营养的角度看，原则上疏花疏果越早越好，即疏果不如疏花，疏花不如疏花芽。在授粉树配置良好、能够确保坐果率的基础上，可结合冬剪短截多花弱枝，疏除过多花芽，减轻疏果压力，花期结合人工授粉疏除晚开的劣质花。

疏果时间通常在谢花后 20～25 天，即在坐果后开始至硬核期前结束。疏果时首先疏除畸形果、小果、病虫果，保留好果。对于凯特杏、大棚王等特大型果，按空间距离法一般每隔 10～15 cm 留一个果，对于金太阳杏、德州果杏等品种一般每隔 8～10 cm 留一个果，对于红丰、新世纪等品种坐果过于集中的部位，也要在稳定坐果后适当疏果，以确保果大质优。

## 六、主要病虫害防治

杏树的病害有褐腐病、疮痂病、细菌性穿孔病等，杏树的虫害有桃蚜、杏仁蜂、蚧壳虫等。

### （一）主要病害及防治

1. 褐腐病

主要为害果实，也侵染花和叶片，果实从幼果到成熟期均可染病。发病初期果面出现褐色圆形病斑稍凹陷，病斑扩展迅速，变软腐烂。后期病斑表面产生黄褐色绒状颗粒，呈轮纹状排列，病果多早期脱落。

防治方法：

（1）人工防治。合理修剪，适时夏剪，改善园内光照条件，冬季清理病果落叶，集中深埋或烧毁，消灭病源。

（2）药剂防治。杏树芽萌动前，喷4～5波美度石硫合剂，或1∶1∶100波尔多液，杏落花后立即喷800倍液大生M－45，或80%代森锰锌800倍液，以后每隔15天喷洒一遍70%甲基托布津可湿性粉剂800倍液，或50%多菌灵可湿性粉剂600倍液，或75%百菌清可湿性粉剂500～600倍液，或50%代森锰锌可湿性粉剂500倍液。

2. 疮痂病

主要为害果实和新梢，幼果发病快而重，染病果多在肩部产生淡褐色圆形斑点，直径2～3 mm，病斑后期变为紫褐色，表皮木栓化，发病严重时常多个小病斑连成一片，但深入果肉较浅。新梢上的病斑褐色，椭圆形，稍隆起，常发生流胶。

防治方法：参照褐腐病。

3. 细菌性穿孔病

主要为害叶片，也为害果实和新梢。叶片受害后，病斑初期为水渍状小点，以后扩大成圆形或不规则形病斑，直径约2 mm，周围似水渍状，略带黄绿色晕环，空气湿润时，病斑背面有黄色菌脓，病健组织交界处发生一圈裂纹，病死组织干枯脱落，形成穿孔。

防治方法：

（1）多施有机肥，合理修剪，使果园通风透光。

（2）结合冬剪剪除树上病枯枝。

（3）杏树发芽前，全树喷3～5波美度石硫合剂，或1∶1∶100波尔多液，或50%退菌特100倍液，铲除在枝溃疡部越冬病源；展叶后新梢迅速生长期，喷布70%甲基托布津可湿性粉剂800倍液，或75%百菌清可湿性粉剂800倍液，混加50～100 mg/L农用链霉素。

### （二）主要虫害及防治

1. 桃蚜

主要为害杏、桃、李、苹果等果树。叶片受害后向背面不规则地卷曲，影响新梢生长和花芽形成，果实受害后生长受阻，果个小，其分泌物污染叶面和果面。

防治方法：

（1）冬剪时剪除有卵虫枝，集中烧毁。

(2)可于萌芽期、展叶期喷布 10% 吡虫啉可湿性粉剂 3 000 倍液,也可于萌芽期用 50% 久效磷 30 倍液在树干上涂药环。

(3)在杏树开花前后各喷一次 20% 速灭杀丁乳油 2 000 倍液、50% 杀螟松乳油 800 倍液、50% 辟蚜雾(抗蚜威)可湿性粉剂 2 500 倍液。

2. 杏仁蜂

为害树种有杏、桃。幼虫在杏核内蛀食杏仁,可将杏仁吃光,造成落果或果实干缩后挂在树上。

防治方法:

(1)彻底清除落杏、干杏。秋冬季收集园中落杏、杏核,并振落树上干杏,集中深埋或烧毁,可基本消灭杏仁蜂。

(2)结合果园秋冬季翻耕,将落地杏核埋在土中,可防止成虫羽化出土。

(3)用水选法淘出被害杏核。被害杏核因杏仁被蛀食而体轻,可用水选法淘出漂浮在水面的受害杏核,集中销毁。

(4)成虫羽化期,在地面撒 3% 辛硫磷颗粒剂,每株 250 ~ 300 g;或 25% 辛硫磷胶囊,每株 30 ~ 50 g;或 50% 辛硫磷乳油 30 ~ 50 倍液。撒药后浅耙,使药土混合。

(5)落花后向树上喷 20% 速灭杀丁乳油 3 000 倍液,消灭成虫,防止产卵。

3. 蚧壳虫

一年发生一代,以若虫在枝条粗糙皮部越冬,4 月开始吸食枝梢汁液,严重时整枝枯死。

防治方法:

(1)5 月上旬当虫体尚软时用硬刷刷除。

(2)早春发芽前喷 5 波美度石硫合剂,或含油量为 5% 的柴油乳剂。

(3)幼虫孵化期喷 0.3 ~ 0.5 波美度石硫合剂。

(4)在 5 月上旬若虫孵化后未形成蚧壳前及时喷洒速扑杀乳油 1 000 ~ 1 200 倍液;可喷布专杀药剂进行防治,如杀扑磷、蚧必死、毒死蜱等,效果较佳。

# 第九章　山茱萸

## 第一节　树种特性及适生条件

### 一、生物学特性

山茱萸(*Macrocarpium officinalis*(Sieb. et Zucc.)NaKai.)又名山萸肉、枣皮、药枣等,属山茱萸科山茱萸属植物,落叶乔木或灌木,高4~10 m。老树皮灰褐色,小枝红褐色,嫩枝绿色。叶对生,叶片长椭圆形或卵形,稀卵状披针形,长4~12 cm,宽2~6 cm,先端渐尖,基部圆形或阔楔形,上面疏被平贴毛,下面被白色平贴毛,脉腋有黄褐色毛丛;羽状脉,通常有叶脉5~7对,叶柄长0.5~1 cm,有平贴毛。花属两性花,花冠四瓣,黄色,雌蕊1枚,圆柱形,雄蕊4枚,呈正方形着生,子房下位,伞形花序顶生或腋生,先叶开放,花小;花萼4裂,子房下位,通常1室。核果长椭圆形,长1.2~1.7 cm,成熟时红色或紫红色,中果皮肉质,种子长椭圆形。花期3~4月,果期8~11月。

山茱萸属生长较慢、结实迟、寿命长的树种,实生苗在集约管理下4~5年结实,天然状态下7~10年才能结果。结果前营养生长较快,树高年增长40 cm以上,冠幅增长50 cm以上,结果后生长缓慢,生长良好的15年树高可达4 m,冠幅可达4~5 m,开始进入盛果期,单株可产果10~25 kg。盛果期可持续100年以上。无明显主干,多干丛生,树干潜伏芽萌发力强,容易进行树冠更新。花芽为混合芽,芽内有一个花芽和两个叶芽。异花授粉为主,虫媒花,自花结实率较低,花期晴暖时,开花集中,坐果率高,如遇低温阴雨则影响授粉和坐果。山茱萸的大小年花期相近,但坐果率及产量相差悬殊。种子有胚乳,胚乳的发育类型属于核型。山茱萸属须根性树枝,细根多,分布浅。3月上旬混合芽萌动;3月下旬花序出现(早、晚熟品种约相差10天);3月下旬至4月上旬小花开花期;4月中下旬小果形成;5~6月果实快速生长;7~8月果实内部充实期;9月下旬至11月上旬果实成熟期;11月下旬至翌年2月落叶进入休眠期。短果枝是主要结果枝;结果枝群是重要的结实部位,其寿命和结实能力与其在树冠内所在位置及栽培管理水平有直接关系。野生山茱萸的坐果率很低,应加强栽培管理。

### 二、栽培情况

全世界山茱萸科植物共14属,既有人工栽培,又有天然生长。在世界上分布稀少,主要分布于亚热带和北温带之间的温暖地带,如中国、日本、朝鲜等。我国分布较为集中的地区是河南的伏牛山、浙江的天目山和陕西的汉中地区,山西、山东、江苏、四川、安徽等省有零星分布。河南省伏牛山南坡的西峡、内乡、南召等地是山茱萸的集中产区,大别山、太行山区均有零星分布,河南省分布的山茱萸居全国首位,所产山茱萸以其皮薄、肉厚、色泽鲜艳、单果重较高闻名国内外。

### 三、对立地条件、气候要求

根据“道地药材”的地域性要求和山茱萸的传统生产区域，从其水平分布的地理位置看，药用山茱萸适生区位于北纬30°~40°、东经100°~140°之间；从垂直高度看，山茱萸在伏牛山南坡分布在海拔250~1 300 m之间，以海拔600~900 m生长发育最佳。多生于山沟、溪旁或较阴凉、湿润的山坡，遮阴度不超过30%的林下、土质疏松肥沃、背风的环境下。适宜山茱萸种植的土壤条件为土层深厚、表土富含腐殖质、排水良好，以灰棕壤土为宜，pH值在5.6~6.8。

山茱萸适宜条件为年平均气温9~16 ℃，1月平均温度2.5~7 ℃，一般在-10~35 ℃的温度条件下可正常生长，太热灼叶落果，太冷落花不结果。它在生长发育期需水量很大，年降水量在800 mm以上才能满足生长。全年无霜期190~280天。

## 第二节 发展现状与发展空间

### 一、发展现状

河南省山茱萸生产发展迅速，从1950年的年产量1万kg左右发展到现在的58万亩222万kg，占全国总产量的70%左右。但在山茱萸生产上，还存在以下问题：

#### （一）良种推广重视不够

山茱萸目前仍处于半野生状态，现有纯林、散生和混生林多数是由野生幼苗幼树抚育而成，10年后才开始结果，产量不稳，种内性状变异大。选育出的良种缺乏系统的推广体系，生产中推广有限，造成目前所栽培品种较杂，产量、外观、成品率、抗灾能力均有较大差异。

#### （二）缺乏整形修剪

目前山茱萸的栽培管理主要是对野生树通过割藤去蔓、刮老翘皮涂白、垦复等手段管理。在自然条件较好的地方也进行了灌溉和施肥，增产幅度可达20%~30%。但没有开展对植株的整形修剪，造成丛枝多，徒长枝多，枝条紊乱无序，不仅挂果晚、产量低，而且也给山区农民的采摘带来困难。

#### （三）结果存在大小年现象

在缩小大小年差距，达到山茱萸高产、稳产方面的研究较少，缺乏规范化的栽培管理经验，重栽轻管、重天收的现象严重，经营粗放，致使经济效益不高。

#### （四）病虫害严重

危害山茱萸的病虫害较多，其中以蛀果蛾最为严重，病害为炭疽病、角斑病、白粉病等。病虫害的发生直接影响山茱萸的生长发育、产量和质量，然而目前对这些病虫害的生活史、危害规律缺乏系统的研究，病虫害防治的办法主要依靠经验，缺乏高效、无污染、低残留的防治药物和生物防治手段。

**（五）加工跟不上**

据统计，绝大部分山茱萸是初级产品或是半加工产品，只有少部分用于深加工。深加工主要用于以下几个方面：一是制药投料，医院配方。河南宛西制药公司生产的六味地黄丸、知柏地黄丸、金匮肾气丸、杞菊地黄丸、桂附地黄丸、明目地黄丸、左归丸等，均以山茱萸为主药，远销东南亚各国。二是制酒。西峡酒厂生产的山茱萸养生酒就是以山茱萸为主要原料酿制而成的，畅销全国，出口日本。三是山茱萸营养液饮料、山茱萸茶等。

**（六）贮藏保鲜方面欠缺**

在贮藏保鲜方面还属空白，加工转化力度相当小，加工后的下脚料不能得到再利用。

**（七）销售网络不适应发展的需要**

在销售方面，近几年有一部分农民经纪人与全国大药材、药品市场建立了稳定的业务联系，促进了山茱萸的销售，但大部分还是靠各地的药品小贩上门挨家挨户收购，销售形势远远不能适应未来的发展要求，严重制约了山茱萸产业的健康发展。

### 二、发展空间

随着人民生活水平的不断提高，保健意识的不断增强，山茱萸用量也大幅上升。据调查，近几年山茱萸的市场价格在 18 ~ 35 元/kg，究其原因，一是国内外市场需求量大；二是山茱萸这种传统名优特产品是在特定自然条件下生长的，具有独特的区位优势，而河南山茱萸与浙江等产区相比，具有有效成分含量高，性能稳定等优点。中药界有句行话叫“全国萸肉看河南，河南萸肉看南阳”。南阳市宜林荒山面积大，适宜山茱萸种植，随着近年来南阳山茱萸之乡名声鹊起，南阳正形成名副其实的山茱萸集散地，市场前景持续看好。目前，按山茱萸的初级产品计，年平均亩产值约 4 000 元，如果能进行就近加工，加快山茱萸加工转化的升级换代，实现就地增值，效益将翻几番。

## 第三节　经济性状、效益及市场前景

### 一、经济性状

**（一）药用价值**

山茱萸以干燥成熟果肉入药，为 2005 年《中国药典》收载品种。山茱萸具有多种药用价值，是一种名贵的中药材。果肉内含有 16 种氨基酸，另外，含有大量人体所必需的元素，含有生理活性较强的皂甙原糖、多糖、苹果酸、酒石酸、酚类、树脂、鞣质和维生素 A、C 等成分。其味酸、涩，微温，入肝、肾经，具有滋补、健胃、利尿、补肝肾、益气血等功效。主治血压高、腰膝酸痛、眩晕耳鸣、阳痿遗精、月经过多等症。山茱萸果肉是六味地黄丸、八味系列地黄丸的主要原料，是全国 40 味主要大宗药材品种。近年来，其应用范围逐渐扩大，对山茱萸的药理、药效研究也日益深入。研究表明，山茱萸具有降血糖、抗衰老、增强免疫机能等作用，可用于治疗糖尿病等多种疾病，药用价值极高。目前国内外在药品生产中对山茱萸果肉有稳定的市场需求。山茱萸果肉营养丰富，在保健食品和滋补品开发上有很高的开发前景。

**(二)经济价值**

以山茱萸为原料的绿色保健食品开发，可加工成饮料、果酱、蜜饯及罐头等多种食品。研究表明，山茱萸籽的含油量在12%以上，同时含有多种维生素及微量元素，油可用来开发脂肪酸、甘油、棕榈酸、油酸等副产品。如果对山茱萸下脚料籽核进行处理，开发特种油资源，生产油脂精细化工产品，这样既能减少环境污染，也能增加经济效益。

**(三)观赏价值**

山茱萸树形美观，其叶、花、果均具有较高的观赏价值。山茱萸先开花后萌叶，早春开花，花色金黄；秋季果熟，果色鲜红，晶莹剔透，果实经久不落，为秋冬季观果佳品，应用于园林绿化很受欢迎，可在庭院、花坛内单植或片植，景观效果十分好，是优良的观赏树种。盆栽效果可达3个月之久，在花卉市场上十分畅销。

### 二、效益

山茱萸树寿命长，适应性强，结实量高，一般平均单株年产干果1.0～1.5 kg，每亩产果皮约20 kg。山茱萸结实期长，一般来说，山茱萸栽种后5～6年便开始挂果，10年以后逐渐进入盛果期，盛果期可长达20～30年，百年后仍能硕果累累，可谓一次栽培，多代受益。

### 三、市场前景

从山茱萸过去和近几年行情变化不难看出山茱萸并不缺少资源。哪怕是受灾严重的2010年，也没有看到山茱萸供求缺口。自从山茱萸经过1999～2001年高价后，已形成大规模种植，正常年景山茱萸产量除满足当年市场需求外，还有大量的货源转化为库存。2016年山茱萸总产量在350万～400万kg，加上多年积压的库存，山茱萸基本上供大于求。尽管目前山茱萸总体上供大于求，但由于大户手中控制不少货源，而且山茱萸已连续三年减产，因此减轻了库存压力。近几年，山茱萸市场价格趋于稳定，种植山茱萸有一定的收益，2016年山茱萸产新后行情有所升温，市场价格已由2015年的25元/kg涨至35元/kg左右。由于市场价格稳中有升，为山茱萸的发展带来了新的希望。

## 第四节　适宜栽培品种

### 一、八月红

由河南省西峡县林木种苗管理站选育，2006年通过河南省林木良种审定委员会审定。

其树体中大，高4～7 m，树冠卵圆形，单干或丛生干，枝干浅褐色。叶浅绿色，椭圆形，叶脉正面凹陷明显。大型果，果实纵径1.5～1.8 cm，平均1.65 cm，横径0.92～1.27 cm，平均1.06 cm，果皮厚0.27 cm，果实大小较整齐，鲜果千粒重1 129 g。种子纵径

1.11～1.47 cm,平均1.27 cm,横径0.43～0.62 cm,平均0.51 cm,种子千粒重197 g,属早熟类型,一般9月中下旬成熟,成熟时正值农历八月,故名。果色朱红,果肉粉红,出皮率18.03%。该品种始果早,药质较好,属早期丰产型。

## 二、石磙枣

树高5～8 m,树冠广卵形,树势旺,单干或丛生干。叶长椭圆形,先端渐尖,色浓绿。果实圆柱形似石磙,故名石磙枣。大型果,果实纵径1.6～1.96 cm,平均1.76 cm,横径1.1～1.36 cm,平均1.23 cm,果皮厚0.33 cm,果柄长1.01～1.48 cm,鲜果千粒重1 226 g。种子纵径1.17～1.48 cm,平均1.3 cm,横径0.42～0.72 cm,平均0.56 cm,千粒重235 g。果色鲜红,果肉黄红色,离核,味酸涩微甘;果序丛生性强,一序一般5～13个,多则达15个。属中熟品种,9月上旬成熟,出皮率达21.38%,药质良好,是一个丰产优良的地方品种。

## 三、珍珠红

树冠较矮,高5～8 m,树势中庸,在自然条件下生长,主干不明显,萌蘖力强。果实较大,产量高,品质好。果实深红色,椭圆形,10月中上旬成熟。果实纵径1.53 cm,横径0.89 cm,单果重0.7～1.0 g,最大果实1.19 g,可溶性固形物含量24%～27%,出肉率(湿)66.8%,出药率(烘干)19.8%,属优质丰产型。

## 四、大红枣

又称大米枣,树冠较高,7～10 m,树势健壮,叶深绿,富有光泽,适应性强,耐瘠薄,寿命长。果实10月上旬成熟。在干旱瘠薄条件下,9月下旬开始成熟。果型较大,长卵形,深红色,果肉橙红色。味酸、涩,微甘。果实纵径1.59 cm,横径0.83 cm,单果重0.73～0.8 g,最大果重0.86 g。出肉率(湿)58%,出药率(烘干)16.8%,种子千粒重197～215 g,属较丰产型。

## 五、马牙枣

又名羊奶枣,树高5～8 m,树势旺,主枝开张角度大,结果枝下垂,形成伞形树冠,单干或丛生干。叶椭圆形,较大,长6～9 cm,宽3～4.5 cm。中型果,果实纵径1.28～1.9 cm,平均1.63 cm,横径0.9～1.17 cm,平均1.08 cm,果皮厚0.29 cm,果柄长1～1.24 cm,种子细长微弯,通常一端钝,一端尖,缝合线由钝头向尖头伸出约种子的1/2长,纵径平均1.32 cm,横径0.51 cm,千粒重215 g,属晚熟品种,10月中下旬成熟,成熟后果面浅红色,肉厚离核,出皮率20%左右,药质中等,属高产类型。

## 六、正青枣

树体高大,树高5～8 m,树冠圆球形,单干少有丛生,干灰白色。叶绿色,椭圆形,叶脉正面基部凹陷。果型特大,果实纵径1.74～2.05 cm,平均1.93 cm,横径1.03～1.27 cm,平均1.11 cm,鲜果千粒重1 380 g;种子纵径1.28～1.62 cm,平均1.49 cm,横径

0.48～0.57 cm，平均0.52 cm，千粒重226 g，属晚熟品种，成熟期晚于一般品种10～15天。该品种果个特大，皮肉厚，平均0.35 cm，出皮率高达21.55%，属高产稳产类型。但成熟时色泽不鲜，呈淡红色。捏皮易离核。该类型抗虫，药质好，产量高，属丰产类型。

## 第五节　组装配套技术

### 一、育苗

#### （一）播种育苗

1. 种子采集

在9～10月果实成熟时，选择树势健壮、无病虫害的中龄树，摘取果实，挑选个大、子粒饱满、无病虫的果子，随即生剥（切忌水煮、火烘）去肉。用水反复清洗，至种子表皮发白，表面无果肉时捞起，晾干备用。

2. 种子处理

浸沤法：用60 ℃水浸两天或人尿浸种15～20天，捞出拌草木灰，再用牛马粪两份拌匀，在向阳处挖平底坑闷沤，至次年3～4月，待30%～40%的种子萌芽即可播种。

腐蚀法：每500 g种子用漂白粉15 g，放入清水内搅匀，溶解后放入种子，根据种子多少加水至水面高出种子12～15 cm，用木棒搅拌，浸蚀3天，捞出种子用草木灰拌匀后即可播种。

浸晒法：将洗净的种子放在1%～2%碱液中，手搓3～5分钟，然后加开水烫，边倒开水边搅拌，至浸没种子为止。再搓3～5分钟，接着用冷水冲洗，干净后用冷水浸泡12～24小时，再将种子捞出放在木板或水泥地上暴晒3～4天，待有90%以上种壳裂开，用湿沙（湿度以用手捏不出水为宜）与种子按4∶1的体积比混合后沙藏待播。

沙贮催芽覆膜法：将经过处理的种子与湿润河沙分层交替贮藏催芽，春播后覆盖薄膜，以提高膜内的温度和湿度，可促进山茱萸种子早日萌发。

3. 播种

春分前后，将已施底肥并经过深耕的圃地整畦作床，床宽1 m。按行距30 cm进行条播，播深6 cm左右，先用牛粪覆盖1.5～2 cm，再覆土1.5～2 cm。出苗前后，要保持土壤湿润。当幼苗出现3～4对真叶时，进行间苗，保持株距7 cm左右。6～7月结合中耕追肥2次，每亩施尿素2～4 kg或适量有机肥料。入冬前浇一次封冻水，并在根部培土或土杂肥，确保幼苗安全越冬。第二年“春分”前后可起苗、出圃。

#### （二）嫁接育苗

1. 接穗的采集

选择品种优良、生长健壮、无病虫害的成年母株，从树冠外围中上部采集生长健壮、芽体饱满的当年枝或1年生的发育枝作接穗。生长季节芽接所用的接穗，要随采随嫁接。采下的接穗应立即剪去叶片及生长不充实的梢端。

2. 砧木

采用本砧嫁接。为了提高嫁接成活率，可在嫁接前2周浇1次水，结合浇水施1次速效氮肥,并进行中耕除草。

3. 嫁接方法

枝接,在3~4月进行,采用切接法。芽接,在8~9月进行,采用"T"字形嵌芽接法。

### (三)扦插育苗

1. 硬枝扦插

5月中下旬从生长健壮的母树上选择已木质化、无病虫害的二年生枝条,剪成10~15 cm插穗,下端削成斜口,上口横切,枝上部留2~4片叶,下端切口可在1 000 mg/L吲哚乙酸溶液中浸20秒,以促进早生根。然后在整好的苗床上,按行距20 cm,株距8~10 cm进行扦插。插后浇透水,苗床上盖塑料薄膜棚,棚内气温保持在26~30 ℃,相对湿度60%~80%,上再盖遮阴棚,透光度25%,6月气温高时将塑料薄膜棚拆除,将遮阴棚透光度调节到10%,每天淋水2~3次,保持苗床湿润,经90~110天可生根,秋天可长出30 cm长的新枝,越冬前拆除遮阴棚,浇足水。第2年秋或冬季可出圃。

2. 嫩枝扦插

嫩枝扦插可在夏季进行,采用当年生枝条,切成有3~4芽的插条。留叶2片,用40 mg/L萘乙酸水溶液浸泡基部12小时,扦插于蛭石、花岗岩石粉为基质的插床上,充分灌水后,遮阳50%,早晚淋水,覆盖塑料薄膜保湿。

## 二、造林

### (一)选地与整地

山茱萸种植基地应选择在坡度较小,背风向阳,pH值在5.6~6.8,物理结构良好的灰棕壤土或黄棕壤土上。建园前应根据地形特点进行整地,整地方法以局部整地为主,可采用梯田、带状或片状整地等方式。

穴状整地:先将地深耕一遍,打碎耙平,拣去树根、杂草和石砾。按4 m×5 m或4 m×6 m的株行距,挖80 cm×80 cm×60 cm(长×宽×深)栽植穴。

坡地整地:按等高线整成外高内低、宽3~5 m的梯田,梯田外埂宽20~30 m、高20 cm,在梯田中心挖宽100 cm、深80 cm的沟槽(或挖长×宽×深为100 cm×100 cm×80 cm的栽植穴)。挖沟槽整地的,内填切碎的秸秆、杂草或树叶30 cm,然后按土与农家肥2∶1拌匀回填;挖大穴整地的,可直接将农家肥与土拌匀填入穴内,梯田内侧挖宽、深50 cm×50 cm的蓄水槽。

### (二)栽植密度

造林密度与光能利用有着密切关系,对山茱萸生长快慢和产量高低影响较大。因此,密度设计要考虑有利于幼林早期丰产和成林高产稳产两个方面。株行距主要根据立地条件、经营方式和品种本身的特性来确定。立地条件好、实行间作的地方株行距为4 m×6 m,不间作的地方株行距为4 m×4 m,立地条件较差的地方株行距为2.5 m×4 m,还可适当密植。

### (三)品种选择

采用良种壮苗,选石磙枣、珍珠红、八月红或其他优质丰产型品种。优质苗标准:地径0.6 cm以上,高90 cm以上,根系长15~20 cm,须根多,芽饱满,无机械损伤,无病虫害,苗木新鲜。

**（四）栽植**

山茱萸的栽植应在2～3月，栽植密度在30～50株/亩，栽植穴规格60 cm×60 cm×40 cm，施足基肥。栽植前对苗木进行整修。剪去受伤根、病虫根、过长根。然后将根部在多菌灵0.5%液中浸2～5分钟进行灭菌消毒，再用稀泥浆蘸根。栽植过程中要注意保护根系不受损伤，根在穴内要舒展，埋土深度不宜超过其原来所在苗圃的深度，填土踩实扶正，立即浇水。

## 三、土肥水管理

**（一）扩树盘与深翻改土**

挖掉树冠下的灌木丛，剪去根际抽生的萌蘖枝。幼龄园以中耕除草为主。6～8月，连续进行除草3～5次，清除的杂草覆盖在树盘上。成龄园在成年大树的外侧开环形沟，沟深、宽各50 cm左右，挖沟时注意不要伤及粗度1 cm以上的大根，并将表土与底土分开放，埋沟时结合施肥，将表土混入树叶、杂草、绿肥、厩肥等有机物放在下层，底土放在上层。逐年向外，直至轮换全园。石砾过多的土壤还应去石换土，逐渐改良土壤。坡度较大，有水土流失现象的，垒围堰、石堤等，保持水土。

**（二）行间套种**

坡度平缓的幼林地或坡耕地造林，可在行间选种花生、豆类、蔬菜、低秆中药材或毛苕子、豌豆等绿肥，熟化土壤，增加土壤肥力，禁止套种高秆作物，套种作物应距树干基部50 cm以上。

**（三）施肥**

1. 基肥

每年果实采收后至休眠前，结合土壤的深翻施入基肥，肥料以农家有机肥为主，适当加入速效肥。成年大树施农家肥50～100 kg，磷肥1～2 kg。幼树的施肥量可适当减少，并加入少量氮肥。施肥方法以条状或环状沟施为主。施肥深度以40～60 cm为宜。

2. 追肥

追肥分别在开花前后、果实膨大和花芽分化期以及果实生长后期进行。追肥分土壤追肥和根外追肥（叶面喷施）两种。土壤追肥，前期以速效氮肥为主，后期则以氮、磷、钾，或氮、磷为主的复合肥为宜。追肥深度以20～30 cm为宜，以环状沟施、条施、穴施等方法为好。

根外追肥在4～7月进行，叶面喷施0.5%～1%尿素和0.3%～0.5%磷酸二氢钾混合液1～2次。晴天在10:00以前或16:00以后进行，阴天可全天喷施。

**（四）中耕除草**

在生长季节要适时进行中耕除草，一般雨后、灌溉后，地面稍干时进行，杂草丛生，地面容易板结，要及时进行中耕除草，保持园中无杂草，中耕、除草可以结合追肥进行。

**（五）灌溉和排水**

灌溉：有灌溉条件的要经常保持园地土壤湿度为田间最大持水量的70%左右，低于50%时应及时浇水。花前浇一次透水；花后及萌芽前视土壤墒情及天气浇一次小水；果实膨大期,适当浇水;生长后期若非天气特别干旱,一般不宜浇大水,越冬前浇一次透水。无灌溉条件的要通过种植绿肥、园地覆草、改良土壤,减少土壤水分蒸发。

排水:结合修梯田等水土保持工程,设置排水渠。雨季注意及时排水。

## 四、树体管理

### (一)主要树形

自然开心形:主干高 20 ~ 40 cm,无中央领导干,主枝不分层,有主枝 3 ~ 4 个,均匀分布,与主干角度呈 45°左右,每一主枝上再选留 3 ~ 4 个侧枝。

疏散分层形:主干高 60 ~ 80 cm,主枝分层着生在中央领导干上。第 1 层主枝 3 ~ 4 个,第 2 层以上为 2 个主枝;1、2 层间距 80 ~ 100 cm,以上各层的层间距略小。主枝和侧枝上着生结果枝或结果枝组。

### (二)修剪

1. 幼树期的修剪

1)疏散分层形的整形修剪

一般在 60 ~ 80 cm 处定干,剪口下 20 cm 整形带内要有 8 ~ 10 个饱满芽。当年冬剪时,首先在顶端选一生长健壮的枝条作为中心干延长枝。从以下各芽发出的枝条中,选择生长健壮、方向和角度适合的 3 个枝条作为主枝。第 1 层主枝可配置 2 ~ 3 个侧枝,第 2 层以上每个主枝配置 1 ~ 2 个侧枝或不留侧枝。侧枝开张角度 70° ~ 75°。

2)自然开心形的整形修剪

一般在定植后立即进行定干。要求剪口下 10 ~ 15 cm 范围内有 6 个以上的饱满芽,开心形主干一般高 30 ~ 50 cm,定干高为 40 ~ 60 cm。开心形一般有主枝 3 ~ 4 个,开张角度为 40° ~ 45°。每个主枝上分生 2 ~ 3 个侧枝,其开张角度为 60° ~ 70°,第 1 侧枝离主干 40 ~ 60 cm,第 1 至第 2 侧枝间距 40 ~ 60 cm。幼树期辅养枝尽量要多留,全部拉平、甩放,结合夏季拿枝、扭梢、环割、环剥等措施,促进成花。

2. 初果期树的修剪

加大骨干枝的角度,疏散分层形主枝开张角度 60° ~ 70°,侧枝 70° ~ 75°,开心形主枝 40° ~ 45°,侧枝 60° ~ 70°。对强枝,要进行开角、环剥、多留花芽。辅养枝的修剪根据"有空就留,无空就缩"的原则,尽量多留。结果枝组的培养,应采用先放后缩的方法,对一些徒长枝和强旺枝,可采用先接后放,再回缩,培养大、中型枝组。当树高已达到和超过要求的高度时,应及时进行落头开心,解决上部光照。落头开心不能操之过急,要等待中心干顶端生长势缓和后再进行。

3. 盛果期的修剪

骨干枝应保持中庸健壮的树势,骨干枝延长枝的年生长量应有 30 ~ 50 cm,而且中庸健壮。在正常的情况下,骨干枝延长枝应该缓放不剪。盛果期,一般数量过多,通风透光不良,应打开光路。在由初果期到盛果期过渡阶段,要逐步疏除、回放辅养枝,无空间处的疏除,有空间处的要改造成不同类型的结果枝组。

4. 老树的更新修剪

疏除无生命力的枝条和枯枝。将树冠内的徒长枝轻剪长放,培养成为树体内的骨干枝，促使徒长枝多抽中、短枝群，以补充内膛枝，形成立体结果。

### （三）低产林改造

1. 林地清理

对于有杂灌的林地，要一次性全面彻底地清除，有利于后续作业。

2. 土壤改良

低产林大多数处于野生状态。林地荒芜严重、杂灌丛生、土壤板结、产量下降。通过深挖垦覆，挖除一切杂灌树蔸，抑制杂草的生长，减少或清除与山茱萸争夺养分的对象。垦覆要全面垦覆，深度在 20 cm 以上。

3. 改密林、疏林为密度适中林

对株行距整齐而过密的山茱萸可酌情隔行或隔株逐步间伐。对株行距不整齐而过密的山茱萸，可按预定的株行距水平环山垦覆成带（梯），带（梯）上的山茱萸保留，带外的山茱萸砍除。对于间伐行或间伐株的好树，可以暂时保留，分批淘汰；对于保留行或保留株的劣树，如无保留价值，则一次挖掉，以优株大苗或有希望的幼树补植；对有保留价值的劣树（如长势旺盛可用砧木者）可采优树枝条，实行高接换种；对林间空地大的稀林，按定点补植良种壮苗或移栽大树。栽植点上原有的好树保留，差的砍掉，空的补上，最终保持林中郁闭度在 0.7 ~0.8。每年在垦覆、复铲、施肥的同时，对补植幼树要进行特别管理，促进其快速生长。

4. 整形修剪

由于长期荒芜和疏于管理，林冠郁闭紊乱、枝头密生、交叉重叠，徒长枝、萌发枝、病虫枝、重叠枝、内膛细弱枝、下垂枝等较多。修剪方法是随树设形，用抹芽、摘心、短截、疏枝、撑枝、拉枝等修剪措施，使枝条分布均匀，树冠通风透光，内膛外围都结果，提高产量和质量。

5. 合理施肥

山茱萸长期荒芜、粗放经营、生长发育不良、产量偏低，与土壤严重缺肥有很大关系。因此，综合垦覆，增施一定的肥料，是大幅度提高山茱萸产量的关键技术措施。施肥时可遵循以下几条原则：大年以磷、钾肥为主，小年以氮肥为主；秋冬以有机肥为主，春夏以速效肥为主；大树多施，小树少施；丰产树多施，不结果或结果甚少的树少施或者不施；生长势强的树少施氮肥，多施磷、钾肥，生长势弱的树要多施氮肥；立地条件好的，生长势强的林分多施磷、钾肥；立地条件较差，生长势弱的树多施氮肥。每亩年施肥量为尿素 20 ~30 kg、磷肥 40 ~60 kg、钾肥 10 ~20 kg、有机肥 500 kg 以上。

6. 改老残林为新林

对于品种类型较好、株行距较均匀、生长势不过度衰老的低产林，可用截干萌芽更新。对于品种差、林相乱而尚有一定产量的林分，可选用良种壮苗，定行、定点栽植，在点上的老树或劣树砍除，不在点上的老树分批砍去。但栽植的幼树必须保证有必要的阳光，其上方遮光的老树枝条必须砍除，侧方庇荫的枝条需适度修剪，以利幼树苗茁壮成长。最好用 3 ~5 年生的嫁接大苗造林，增施肥料，并严防病虫危害。对于根系严重损伤、病虫严重、植株稀疏不齐、生长能力极低的山茱萸则全砍、全垦，重新造林。

7. 高接换优

山茱萸劣种、劣株，严重影响高产稳产，应分情况逐步改造。把青头郎、笨米枣、小米枣等劣种改接成石磙枣、珍珠红等良种。在密林，结合调整密度去劣留优；对长势较旺盛的山茱萸采取高接换种或萌芽条嫁接良种。嫁接更新造林宜用多系配置，选用系间亲和力高的配组，配系嫁接换种，以获得异株异花授粉成活率高的效果。高接换种方法：在首轮分枝枝长40~50 cm处截断，每个主枝以及主干上，各接良种接穗1~2枝（芽）。

## 五、花果管理

### （一）果实采收

1. 采摘时间

10月中下旬，山茱萸果实呈深红色时，即可采摘，不能过早或过晚，采摘时间应选择在晴天的上午10时至下午5时，雨天禁止采摘，禁止采摘不成熟的果实。

2. 采摘方法

利用人工逐树逐束采摘，采摘时要注意保护树枝和花芽，禁止用棍棒打枝及折枝采摘。

果实采摘后拣去病虫果、瘪果及树叶、果梗等杂质，摊开晾在室内并及时加工，不可堆得过厚，造成鲜果霉烂。

### （二）加工

人工去核：首先将山茱萸鲜果倒入沸水中微烫10分钟左右，捞出摊开晾凉，利用人工方法捏皮去核。所用水质应符合我国生活饮用水卫生质量标准，要随烫随捏，一次不要烫得过多，当天烫当天加工完。在加工过程中，要使用竹篮、木筐等竹木制品，不得使用铁质容器。

机械加工：使用专用的山茱萸去核机将果核与果皮分离开。此法效率高，但果皮的完整度及形状较人工差些。

晾晒：山茱萸果实脱皮去核后，自然晾晒在室外竹席上面，一周左右即可晾干。晾晒地点应远离存在有毒、有害气体或灰尘的地方。也可烘干，将果皮摊在竹箅上，放入烘干炉中2~3小时即可烘干。晾（烘）干的山茱萸果皮颜色以紫红色为最佳。利用烘干方法时，温度不能过高，以免烘糊。

成品质量要求：加工后的成品应以身干无核、肉厚柔软、色紫红而有光泽者为上品。

### （三）贮藏运输

1. 贮藏

加工成品的山茱萸果皮，用洁净的袋子装好，贮藏在阴凉干燥、不潮湿、无鼠害的地方。贮藏温度-2~10 ℃。

不允许使用装过农药、化肥及其他有毒有害物质的容器贮藏。

2. 运输

运输过程须有避风、干燥、防晒、防雨淋、防灰尘、防污染等措施，不得与有毒有害物品混装运输。

## 六、主要病虫害防治

主要病害有炭疽病、角斑病和灰色膏药病。主要虫害有蛀果蛾、大蓑蛾、咖啡蠹蛾等。

### (一)主要病害及防治

1. 炭疽病

也叫黑疤病,主要为害果实,果实感染后初为大小不等的褐色斑点,逐渐扩展为圆形或椭圆形不规则的大块黑斑。

防治方法:

(1)选择土层厚、透气性能好的沙壤土建园,栽植密度不可过大。

(2)加强树体管理,重施有机肥,提高树体抗病能力。

(3)及时清除园内病枝、落叶及病僵果,进行深埋或焚烧。

(4)开花前喷1~2次5波美度石硫合剂,或75%百菌清1 000倍液,或50%多菌灵可湿性粉剂800倍液。新梢生长期10~15天喷一次倍量式波尔多液,连喷3~5次。

2. 角斑病

为害山茱萸叶片。受害叶片出现大小不等、不规则多角形小斑点,以后逐渐扩大至布满整个叶片,病斑呈紫褐色,边缘明显,后期叶缘干枯卷缩至脱落。

防治方法:

(1)及时清除病叶。

(2)加强树体管理,重施有机肥,提高树体抗病能力。

(3)5月用1∶2∶200波尔多液喷雾防治,或4%农抗120(抗霉菌素)200倍液,或喷50%退菌特可湿性粉剂800~1 000倍液,每隔10~15天喷一次,连续三次。

3. 灰色膏药病

为害山茱萸的枝干。主要发生在树势衰弱老树上。病斑暗灰色,圆形,覆盖在被害枝干的表面,边缘白色或灰褐色,中间淡茶褐色或深褐色。

防治方法:

(1)加强垦复施肥。增加光照,增强树势,提高抗病能力。

(2)去除带病老枝,保留内膛的新枝,逐步替换发病枝干,促进其更新。

(3)用刀刮去病斑,并涂上5波美度石硫合剂。该病菌与蚧壳虫伴生,在蚧壳虫发生期用90%增效柴油乳油35~50倍液涂刷树体。

### (二)主要虫害及防治

1. 蛀果蛾

又名药枣虫、石枣虫。为害山茱萸果实。以幼虫从果实顶部和胴部蛀入果肉,蛀空果实,并将粪便排在果内,后转入第2个果实、第3个果实继续为害,伴有粪便排出果外。

防治方法:

(1)及时清除园内枯树落叶和落果,进行冬季垦覆,特别是树盘垦覆,以冻死虫蛹,减少虫源。

(2)7月底或8月上旬,越冬幼虫出土前,每株撒施20 g敌马粉,浅锄入土。

(3)8月上旬至中旬,成虫孵化期喷20%杀灭菊酯2 500~5 000倍液,或2.5%溴氰菊酯乳剂 2 500 ~ 5 000 倍液。

2. 大蓑蛾

又名布袋虫。为害山茱萸叶片。

防治方法：

（1）人工捕杀，冬季落叶后，摘除虫囊，杀之。

（2）放养蓑蛾瘤姬蜂等天敌。

（3）药物防治。幼虫期用 2.5% 功夫乳油（三氟氯氰菊酯）2 500 倍液喷雾防治。成虫期用 44% 虫清乳油 1 500 倍液，或 Bt 乳剂 500 倍液喷雾防治。

3. 咖啡蠹蛾

蛀食山茱萸枝干，造成枝干枯死，树势衰弱，果实减少，严重的可造成植株死亡。

防治方法：

5 月上旬化蛹后，收集虫枝集中销毁，消灭虫源。6 月上旬卵孵化盛期，喷 50% 杀螟松乳油 1 500 ~ 2 000 倍液。

# 第十章　辛　夷

## 第一节　树种特性及适生条件

### 一、生物学特性

辛夷（*Magnolia biondii* Pamp.）又名望春玉兰，为木兰科木兰属植物，花蕾入药称辛夷。辛夷为落叶乔木，树高6～12 m。小枝细长。单叶互生，叶片长圆状披针形，先端渐尖，基部圆形或楔形，全缘。花先叶开放，单生枝顶，花萼与花冠9片，排成3轮，白色，外面基部带紫红色，芳香；外轮花被3，萼片状近线形，长约为花瓣的1/4；中、内轮花被各3，匙形，雄蕊与心皮多数。聚合果圆筒形，稍扭曲，蓇葖木质。种子倒卵形。辛夷树种先花后叶或花叶同放，在河南伏牛山区一般2～3月开花，4月发芽展叶，果熟期8～9月，11月落叶采蕾。

### 二、自然分布情况

我国是木兰属的现代分布中心和起源中心之一，辛夷栽培区属中亚热带至南暖温带的季风湿润气候区，辛夷的适生区域广阔，其范围为北纬17°～45°，东经100°～130°，即北至辽宁、内蒙古南部，南达广东、海南、云南、贵州、河南、安徽、江西、陕西、湖南、湖北、四川等省均有分布和栽培。其中以望春玉兰、玉兰分布最广，可横跨热带、亚热带、暖温带、温带四个气候区。辛夷垂直分布多在海拔300～800 m之间，海拔1 600 m的山地阔叶林中也有自然分布。在河南主要分布于南召、鲁山、嵩县、内乡、西峡、镇平、卢氏等地，其中以南召县最多，鲁山县次之。河南省南召县是全国辛夷的主产县，光、热、水、土资源得天独厚，是辛夷的原生地和最佳适生区，栽培历史悠久，早在元明时期，南召就是远近闻名的辛夷之乡，到处都可看到辛夷分布，至今仍有500年以上的辛夷天然植物群落。

### 三、对立地条件、气候要求

其对土壤的适应能力很强，在pH值5.5～7.5的中性、微酸性土壤上均能生长，以土层深厚、肥沃、疏松、湿润、排水良好的壤土、棕壤土、沙壤土中生长最好；在pH值8.5以上的盐碱地上生长不良。

辛夷花喜温暖湿润气候，较耐寒、耐旱，忌积水，能在河边、水边等土壤非常湿润的条件下生长，但在土壤过于黏重、积水的条件下生长不良，甚至根系腐烂死亡。幼时稍耐庇荫，成龄后树冠过于郁闭，通风不良则严重影响生长结蕾。在－15 ℃时，能露地越冬。在年平均气温10～23 ℃、年降水量650～1 400 mm的条件下都能生长；在伏牛山区年平均气温13～14.5 ℃、年降水量750～1 000 mm、海拔300～900 m、无霜期180～240天的中低山地最适宜辛夷树种生长，花蕾品质极佳，为其适生分布区和适生栽培区。栽培中适时灌溉，保持土壤绝对含水率在20% ~30%范围内具有良好效果。

## 第二节　发展现状与发展空间

### 一、发展现状

目前，河南辛夷种植面积已达25万亩，年产量120万kg，其种植面积、产量和市场占有率均居全国之首。辛夷产量之大，品质之优，在海内外享有很高的声誉。但是近年来，由于农村荒山荒地的开垦利用，辛夷自然资源逐渐减少，野生品种上市量逐年下降；人工种植生长周期较长，生产发展较慢，货源偏少；经营管理粗放；企业支撑乏力，销售渠道不畅，从而导致价格较低，出现群众卖药难的问题，辛夷产业发展缓慢。

### 二、发展空间

根据辛夷用途广泛的特性，面向国际，面向未来，紧盯市场的需求性、应用的广泛性、医病的必需性、药理的特效性，竭力研发生产科技含量高、药用价值高、保健性能好、使用效果好、价廉物美的辛夷高档系列产品，迅速占有国际国内市场。近年来，随着相关制药企业对以辛夷花为原料的新药品的开发利用，其配方药和中成药用量明显增加，商品市场销量不断加大，因此发展前景看好。

## 第三节　经济性状、效益及市场前景

### 一、经济性状

#### （一）药用价值

辛夷以花入药，味辛性温，自古以来就以名贵中药而倍受人们的推崇，《神农本草经》将其列为上品，其中记载："辛夷主五脏身体寒热，疗头痛、脑痛。"其功能为解表散寒，祛风湿，通鼻窍，久服下气，轻身，明目，增寿耐老。为治鼻炎常用中药。辛夷皮、叶可供药用，花蕾在国际市场上供不应求。

#### （二）提取芳香油（精油）

辛夷既是名贵中药材，又是高级香料，辛夷精油在国际市场上的价格是黄金价格的10倍，其需求量也日益上升。树皮、叶、花都能提炼芳香浸膏。辛夷所含的挥发油是提取精油的天然原料，河南南召县辛夷精油含量最高。辛夷花提取的精油有镇静、镇痛作用，对感冒、鼻塞、鼻炎、打鼾、刀伤、烧烫伤及皮肤奇痒红肿均有神奇疗效。除药用外，辛夷挥发油还可替代对人体有害的人工合成香精，既可用于高档卷烟、食品加工，又可用于日常生活，用于化妆品，可起到护肤、护发，防止毛发脱落，滋润皮肤，增加肤色光泽等作用。用于生产空气清新剂，可净化空气，灭菌，除异味，驱秽气。此外，辛夷花浸膏、丁香酚、黄樟油素亦可作工业原料调配香皂、化妆品。

### （三）生态及观赏价值

辛夷既是一种传统中药，又是名贵花卉和优良庭园观赏花木。古代宫廷及私宅多有栽植，历代文人歌咏不绝。辛夷树姿雄伟、美观，树冠圆满紧凑，先花后叶，花朵艳丽芳香，有红、黄、紫、白诸多花色，具有很高的观赏价值。望春玉兰是名贵的花卉，早春二月，花朵争奇斗艳，香气扑鼻，到中秋时节，结下串串果实，姹紫嫣红，非常美丽，可栽入庭院，供人观赏。辛夷树根系发达，枝繁叶茂，落叶层较厚，可固化土壤，减弱暴雨冲刷，降低径流和涵养水源，尤为神奇的是树下不生蚊蝇。辛夷对有害气体二氧化硫具有中等强度的抗性。它是植树造林、水土保持以及公园、街道、旅游胜地绿化美化的最佳树种。

### （四）食用价值

辛夷花被片可食用或熏茶，从辛夷花中提取的芳香物质，可作为食品工业的添加剂，用于提高产品质量，防止食品霉变，既环保，又能促进人们的健康。种子榨油，可供工业用。

### （五）优良用材

辛夷是优良的用材树种，材质细腻，纹理通直，不翘不裂，色泽黄白，不遭虫蛀，具有香味和美丽的光泽，可与樟木媲美，是作为建筑、装饰、地板、箱、柜、桌、凳等的理想用材。

## 二、经济效益

辛夷适应性强，生长迅速，种植成本低，其经济寿命可达百余年。辛夷树结蕾早、产量高，实生苗 5 ~ 7 年始花，嫁接苗 2 ~ 3 年开花当年现蕾，优良品种望春玉兰在盛花期单株产蕾 30 kg 以上，平均每亩产商品花蕾 400 ~ 700 kg，产值为 3 000 ~ 5 000 元，收益时间长达百年之久，其经济效益十分可观。

## 三、市场前景

近几年来国内开发了辛夷花的几种新用途，如用作食品调料、化妆用品、香料，以及治疗鼻炎的新药，其中香料出口欧美和东南亚等国，新鲜辛夷花蕾则用于提取辛夷花油出口。目前全国辛夷花年用量 1 000 ~ 1 200 t，并在平稳增加，其中调料市场消化量约占总用量的 40% ~ 50%。河南省是辛夷花主产区，产量占全国的 90%。产地与市场行情走势平稳，价格止跌转坚，其后市向好。

辛夷花蕾入药，能散风寒、通肺窍，对治疗急慢性鼻炎等有特殊疗效。辛夷富含芳香物质，是提取香精的极好原料，广泛应用于医药、食品和化工等多个领域。河南省南召县是全国辛夷的主产县，南召辛夷（南召辛夷是指木兰科木兰属植物望春玉兰的花蕾，因花蕾入药称“辛夷”）色泽鲜艳，蕾形端正，鳞毛整齐，芳香浓郁，挥发油含量居全国同类产品之首，在国内外市场享有很高声誉。2000 年 3 月，南召县被国家林业局首批命名为“中国名优特经济林辛夷之乡”。同年 10 月，又被国家科技部和河南省政府确定为“绿色道地中药材种植辛夷基地县”。

南召辛夷种植面积和产量占全国的 70%，素以“南召辛夷”享誉全国十大药材市场。每到辛夷采收季节，全国各地药商云集南召，竞相采购，已经形成一定的市场影响力。目前，辛夷花市价基本稳定在 26 ~ 30 元/kg，经济效益显著，2012 年南召华龙辛夷开发公司历经多年成功研制出了玉兰红茶,被列为河南红茶的“五朵金花”之一。以辛夷为原料生产的辛夷香精香料不仅得到中药企业、美容日化企业青睐,还畅销我国台湾、香港,以及新加坡、澳大利亚、德国、美国等十几个国家和地区。可见,发展辛夷产业前景极其广阔,市场前景看好。

## 第四节　适宜栽培品种

目前辛夷种类繁多,经过观察对比,适合河南省大面积栽培推广的优良类型主要有以下几种。

### 一、桃实望春玉兰

由南召县林业种苗工作站选育,2006 年通过河南省林木良种审定委员会审定。

该品种树体高大,幼龄期生长迅速,抽枝力强,成枝力高,1 年生枝条较粗壮。嫁接后2 年可形成花蕾,花蕾大,单生枝顶,蕾形端正,色泽鲜艳,花蕾百蕾重 36.54 g,挥发油含油率达 4.39%,有较高的商品价值。经济年限长,抗性强,病虫害少,无大小年现象。

### 二、腋花望春玉兰(一串鱼)

由南召县林业种苗工作站选育,2006 年通过河南省林木良种审定委员会审定。

该品种花蕾着生在 1 年生枝顶端和叶腋间,1 年生壮枝上 80% 以上的叶腋有花蕾,腋生和顶生,花蕾百蕾重 92 g,淡灰白色,卵形,长 1.38 ~ 2.58 cm,直径 1.03 ~ 1.42 cm,花蕾紧凑,鳞毛整齐,外披淡黄色丝状长毛;叶革质,长椭圆形,色深绿,具光泽,幼叶紫色,枝条直立,生长旺盛,常抱头生长;适应性强,成蕾年龄早,实生树 5 ~ 6 年成蕾,嫁接树当年现蕾,15 年后进入盛蕾期;盛蕾期株产鲜药 10 ~ 13 kg,平均亩产 500 kg 以上。早期丰产是其显著特点。但鳞片易早脱,干后药蕾变形不美观。

该品种树根系发达,枝繁叶茂,落叶层较厚,可固结土壤、减弱暴雨冲击、降低径流和涵养水源,对有害气体(二氧化硫等)具有中等强度的抗性。

### 三、宛丰望春玉兰

由南阳市林业技术推广站选育,2014 年通过河南省林木良种审定委员会审定。

该品种树体健壮,生长旺盛,适应性强,花蕾着生位置特别,花蕾不仅着生在一年生枝顶端和叶腋间,而且一年生枝条上端节间很短,多形成 3 ~ 4 个紧密排列且无叶片的花蕾。一般中、长枝花蕾有腋生和顶生,短枝花蕾顶生,一年生枝最多可形成 9 个花蕾。花蕾长卵形,淡黄灰色,长 1.70 ~ 3.10 cm,平均 2.49 cm,径 1.12 ~ 1.93 cm,平均 1.35 cm。花蕾紧凑,鳞毛整齐。苞鳞 3 ~ 4 层,外被密而较短丝状柔毛,斜伸;叶革质,长椭圆形,先端短尖,基部圆形,色深绿,具光泽,叶柄被短丝状毛。枝条直立,生长旺盛,常抱头生长,适应性强,成蕾年龄早,产量高,丰产性能好,盛蕾期平均株产鲜蕾 10 ~ 35 kg,百蕾干重达 58 g,适于密植。

宛丰望春玉兰适宜在平原、丘陵、中低山区土壤 pH 值 5.5 ~ 7.5 的中性微酸性土壤条件下,适宜在平均气温 10 ~ 23 ℃,年降水量 650 ~ 1 400 mm 等类似地区生长,表现出抗寒、丰产、抗病的特性。

## 第五节 组装配套技术

### 一、育苗

#### (一)种子育苗

1. 种子的采集

选择生长迅速、发育健壮、树冠宽广、结实层厚、透光良好、成蕾早、籽粒饱满、无病虫害、15 年生以上母树,于 8 月下旬至 9 月中旬聚合果由绿色变为红褐色,且大部分开裂、露出鲜红色种皮时及时采摘。聚合果采收后,及时置于通风干燥处晾晒,待全部开裂后取出种子。切忌阳光下暴晒,以免影响发芽率。

2. 催芽

用沙藏法对种子进行催芽,播前先将采集的种子与粗沙混拌,反复揉搓,使其脱去红色肉质皮层。然后进行沙藏:将种子按 1∶3的比例与湿沙拌匀,平摊于事先挖好的地坑内,上盖杂草,保持湿度。

3. 整地和播种

辛夷属肉质根,幼苗怕旱、怕涝。育苗地应选择地势平坦、土层深厚、疏松肥沃、排灌方便的沙壤土或壤土地块。播种前应将圃地深犁细耙,施足底肥。施肥量每亩有机肥 3 000 kg,碳铵 75 kg,氯化钾 10 ~ 15 kg。苗床应采用垄作方式。床面宽 60 cm,沟宽 20 cm,高 10 ~ 15 cm,长 10 ~ 15 m。为防止地下害虫,播前亩施 3% 呋喃丹颗粒剂 2 ~ 25 kg。待翌春种子露白时(3 月上中旬),在整好的苗床上采用条状摆播法。播种时按行距 40 cm,每床双行,开深 3 cm、宽 5 cm 的播种沟,沟底要平,深浅一致。沟内浇水,待水下渗后,按株距 10 cm 左右,将露白的种子摆入沟内。随即用 40% 多菌灵 500 倍液,顺沟喷施作土壤灭菌处理。然后覆细沙土或疏松粪土,力求厚度一致。

4. 地膜及稻草覆盖

地膜采用顺播种沟覆盖的方法。顺播种沟边盖膜,边用潮土将地膜两边压实。种子出苗,发现幼苗将要透出时,马上将地膜撤除,随即用稻草、麦秸等覆盖床面。覆草不宜太厚,似见非见土面为宜。苗出齐后,要分期分批将苗垄盖草除去,顺便放于苗行中间,起到增温保墒、防止杂草出土的作用。

5. 田间管理

间苗、定苗:根据圃地情况确定留苗密度,每亩 1 万 ~ 13 万株为宜。间苗时,要去小留大,去弱留壮,适当多留一些苗木作为损耗备用。但不宜过多,以免降低苗木质量。

水肥管理:幼苗生长迅速,8 月以前要适当灌水,保持床面湿润。避免大水漫灌,造成床面板结、龟裂。8 月上旬至 9 月下旬,天气干旱时应及时灌水,一般 10 ~ 15 天一次。浇水前,每亩追施尿素 5 ~ 75 kg。雨后,应及时排除积水。生长后期,停止灌溉和施用氮肥。叶面喷施 0.1% ~ 0.3% 磷酸二氢钾,提高木质化程度。封冻前 10 天,灌一次封冻水。

### (二)扦插繁殖

在5月初至6月中旬,选1~2年生粗壮嫩枝,取其中下段,截成10~12 cm长的插条,每段需有2~3个节位。下端削成马耳形斜面,每50个为一捆,将下部放入500 mg/L生根粉溶液中浸15秒,随即扦插。苗床用干净湿沙做成,按行株距20 cm×7 cm插入,浇水保墒,以利成活。齐苗后,加强田间管理,培育1~2年后,即可移栽。使叶片倒向一边,切勿重叠或贴地。插后浇透水,用塑料薄膜覆盖,其上再盖草帘遮荫。插条成活后,要勤除草、追肥。培育1~2年即可定植。一般在秋季落叶和早春萌芽前定植。

### (三)根蘖育苗

于立春前后,挖取老株的根蘖苗另行定植即可。浇水保墒,以利于成活。

### (四)嫁接繁殖

1.选择接穗

应选择目前推广的品质优良纯正、现蕾早、产量高的腋花望春玉兰、猴掌望春玉兰和桃实望春玉兰等品种的成龄植株的枝条作接穗。接穗应选自树冠外围当年生已木质化的健壮发育枝(最好为树冠阳面)中部含饱满芽的。枝条的粗细应尽量与砧木相适应。剪取的芽条立即除去叶片,仅留叶柄。最好随采随接。如一时不能接完,可用蜡封好断口,用塑料薄膜或稍湿干净的河沙等保湿冷藏备用。

2.嫁接时间

当年生的辛夷实生苗,嫁接的最佳期为8月下旬至9月下旬,以白天平均气温22~26 ℃,湿度70%~80%为好。天气晴朗、无风或微风、成活率最高。刚下雨天及雨天或气温过高过低,都不宜嫁接。

3.嫁接方法

辛夷枝条髓心较大,宜采用带木质部芽接法(嵌芽法)。在距叶柄基部0.3~0.5 cm处剪去叶柄,从芽的上方向下竖削一刀,稍带木质部,长1.5~2 cm,然后在芽的下方约呈45°角度斜切一刀深达木质部,取下芽片。在砧木选定的高度约10 cm削接口,削法与削接芽相同,从上而下稍带木质部,削成与接芽长宽相等的切面,将接芽插入砧木接口,形成层对齐、贴紧,切口上端稍露白。用塑料条自下而上每圈重叠1/3适度绑紧,露出接芽即可。

4.嫁接后的管理

嫁接后,如果气候干燥,及时浇水,芽接后7~15天即可检查是否成活。若未成活,应抓紧补接。次年春季发芽前,在距芽上方0.5~1 cm处将砧木剪去,并将塑料带解除。以后将砧木上萌发的芽及时抹去,一般需3~4次。以后要及时做好浇水、施肥、中耕除草、防病治虫、排除积水。嫁接繁殖是辛夷早产丰产的主要途径。

## 二、造林

### (一)造林地的选择及规划设计

造林地应选择排水良好、土壤肥沃、坡度较缓的山脚、谷底、村旁、地边及山坡中下部的中性或微酸性沙壤土地块。但忌黄黏土。适宜栽植该树种的指示植物有麻烁、栓皮烁、猕猴桃及蕨类植物、白草等。造林密度应依造林地条件和各品种(类型)特性而定。立地条件好者应稀，立地条件差者应密。桃实玉兰应稀，腋花玉兰、猴掌玉兰应密。一般情况下，造林株行距应为 4 m×4 m 或 4 m×5 m，每亩栽植 42～33 株。

### （二）整地造林

1. 整地季节

依造林地土壤状况而定。土壤肥沃、杂草较少的造林地最好是秋、冬整地，次年春季栽植；土质较硬、石砾较多、肥力较差的造林地应在伏天整地，蓄水淤土，提高肥力。

2. 整地方式

辛夷造林整地多以穴状为主。按照设计的株行距，以定植点为中心挖穴，规格 80 cm×80 cm×80 cm，挖穴时将表土和新土分开放置。坡度在 16°以上的山坡地，应修筑鱼鳞坑，达到保水保土保肥的目的。

3. 造林适期

从秋季即将落叶至翌春发芽前均可栽植。1 年生苗木木质化程度较差，在冬季气温低、干旱严重的地区适宜春栽；冬季不甚寒冷、灌溉条件较好的地区应秋栽或冬栽。

4. 苗木规格

造林苗木应用 1 年生实生苗或 2 年生嫁接苗；苗木高度 80 cm 以上，地径 1 cm 以上。栽植时应随起苗随栽植，尽量少伤根或不伤根，避免风吹、日晒；长途运输时，根系必须蘸浆、包装，以免苗木失水。

5. 栽植

在挖好的栽植穴内，每穴施入杂肥 20 kg，磷、钾肥各 0.1 kg，表土与肥料拌匀后再回填、栽植。栽植后经常浇水，保持土壤湿润，以利新根生长，成活后如不遇特殊干旱，可不浇水。

## 三、土肥水管理

加强抚育是提高辛夷造林成活率、促进幼树生长和及早成蕾的关键措施。幼林抚育包括中耕、除草、施肥、灌溉、抹芽、嫁接等项内容。

### （一）松土施肥

辛夷喜疏松肥沃的土壤，每年冬季要进行深耕松土，结合冬耕施入有机肥。无机肥料的施肥时期，成蕾树应在 3 月下旬以前施入，幼树应在生长期分期施入。辛夷未成林时，每年每株施尿素 50 g；在成林后，每年每株施尿素 500 g。冬季施人畜粪水 1 次，促使花多蕾壮。

### （二）除草

辛夷建园后，每年除草 3～4 次。如果降水量大，杂草过多，可适当增加除草次数。管理条件好的地方，可种植绿肥，每年掩埋 1～2 次，这样不仅能增加土壤肥力，而且能降低除草的成本。

### （三）间作套种

造林地属平、缓坡，土壤又比较肥沃的可在幼树成蕾前，间作套种豆类、花生、蔬菜等低杆农作物和中药材，以耕代抚。

### （四）抹芽

抹芽方法是当芽萌发后，嫁接苗上部保留5～7个生长较好的嫩枝，其嫩枝在未木质化前抹除。利用实生苗造林者，应于造林当年秋季进行良种嫁接。由于辛夷枝条髓心较大，枝接法不易成活，生产中多采用嵌芽接。嫁接的最佳时期是8月下旬至9月下旬。翌年春剪砧解绑。

### （五）灌溉排水

干旱季节及时浇水灌溉，管理条件好的，可采用滴灌，不仅节约用水，土壤不板结，还可减少中耕除草次数，减少劳动投入。大雨、暴雨、连雨季节注意及时排水，防治土壤长时间积水。

## 四、整形修剪

### （一）整形

嫁接苗造林后，当树高达到1 m左右时，于春季萌芽前在1 m处将其顶端剪除，待侧芽萌发后，选留3个分布均匀的壮芽，作为第1层主枝。第1个枝位于主干最下部的偏西南方向，第2、3个枝分别与第1个枝呈100°～120°着生于主干上，构成3大主枝；主枝间距30～40 cm。随着树龄的增长，逐年采取措施，培养成有8～9个主枝的丰产形骨架。

### （二）修剪

修剪的目的在于改善树膛内部通风透光条件，控制成蕾部位外移，培养大、中型成蕾枝组。

1. 修剪时期

分冬剪和夏剪。落叶后至萌芽前修剪称为冬剪，生长期修剪称为夏剪。

2. 修剪方法

主要方法：一是开张角度，成蕾树于每年4月下旬至5月中旬采取撑、拉的方法，将主枝与主干的夹角开张到60°～70°；二是及时疏除或短截内向枝、内膛枝、下垂枝、交叉枝；三是短截1年生成蕾枝，除延长枝外，无论枝条上着生花蕾多少，每个枝条腋花类型只保留下部4～5个叶芽，顶花类型保留5～7个叶芽，其上部全部剪除；四是选择适当位置采取连续短截的方法培养成蕾枝组。

### （三）低产林改良

品种改良是对造林后的低劣品种进行高接换种。嫁接适期是每年的8月下旬至9月下旬。嫁接方法仍采用单芽腹接法。生产中，被嫁接植株多为大树，枝条比较粗壮，嫁接时选择的接穗要尽量与被接枝条的粗度近似。如果二者粗度不一致，嫁接时要使两者一侧的形成层对准；如果二者粗度悬殊太大，可先将被接大枝重短截，待翌年萌枝后再进行嫁接。

## 五、花蕾采收

### （一）采收

1. 采蕾适期

辛夷采收过早，有效物质尚未充分形成；采收过晚，花蕾结构松散，苞片容易脱落，降低商品价值。最佳采收期是树木落叶后的11月初至12月底。晚摘花蕾发虚，质量差，故宜早不宜晚。

2. 采蕾方法

辛夷树体高大，枝条脆软，采摘时需先用粗长麻绳将粗度3 cm以上的主侧枝与中央领导干捆为一体，便于采收人员上树采摘。在地势平坦的地方，采用小冠密植栽培技术培植的树木，可借助梯子采摘。采收时要逐朵齐花柄处摘下，切勿损伤树枝，以免影响下年产量。

### （二）加工

1. 晒干

采收后，白天在阳光下暴晒，并要做到白天翻晒通风，晚间堆放在一起。使其夜间堆积发汗，内外干湿一致，晒至半干时，再堆放1～2天后再晒至全干。1个月左右可以干透，即为成品。成品以黄绿色，有特殊香气，味辛凉为佳。

2. 烘干

采收后若遇到阴雨天，可用无烟煤或炭火烘烤，当烤至半干时，也要堆放1～2天后再烘烤，烤至花苞内部全干为止。

### （三）贮藏

包装后放置于干燥通风处，防潮湿，防霉变。

## 六、主要病虫害防治

### （一）主要病害及防治

辛夷花病害较少，常见的病虫害有根腐病、立枯病等。

1. 根腐病

为害根部，使根腐烂。

防治方法：用50%甲基托布津1 000～1 500倍液浇注根部。

2. 立枯病

4～6月多雨时期易发，为害幼苗，基部腐烂。

防治方法：

（1）苗床平整，排水良好。

（2）进行土壤消毒处理，每亩可用15～20 kg硫酸亚铁，磨细过筛，均匀撒于畦面。

（3）拔除病株，立即烧毁。

### （二）主要虫害及防治

常见的虫害有砂皮球蚧、龟蜡蚧、栗代角胸叶蝉、蚜虫、食心虫、天牛等。

1. 砂皮球蚧

1年发生2代，以若虫越冬，翌年5、6月发生第1代，8～9月发生第2代。孵化后，幼虫脱离母体危害叶及枝条，多在3年以下嫩枝上为害。其分泌物能诱发病害。

防治方法：

（1）幼蚧发生期每隔15天喷药一次，连续2～3次，可用25%亚胺硫磷500～800倍液、50%磷胺500倍液。

(2)于春季发芽前15天左右,用5%柴油乳剂或0.5~1波美度石硫合剂喷洒。

2. 龟蜡蚧

1年发生1代,以受精雌成虫越冬,5~6月产卵,6~7月孵化为幼虫,9月雄虫羽化。雄虫交尾后即死。雌虫多寄生于新梢上,林木被寄生后,常引起病害。

防治方法:

6~7月喷药,应用药剂参考砂皮球蚧防治方法。

3. 栗代角胸叶蝉

每年发生1代,卵在被害枝条木质部越冬,4月下旬至5月上旬孵化,以幼虫到枝背面吸食汁液,常使叶缘焦枯,提早落叶落桃,8月中旬成虫出现,雌、雄虫交配后,以产卵为害1、2年生枝条,枝条产卵痕伤口成梭子形,表面有白色的蜡状物质覆盖。一般长5~6 mm,宽1~2 mm。

防治方法:

(1)4月下旬至5月上旬用50%杀螟松1 000倍液,或2 000~3 000倍液的甲胺磷喷洒树冠。

(2)用"树大夫"枝干注射法,每周一次,注射1支。

4. 蚜虫

每年发生多代,为害嫩枝和幼叶,常在叶背刺吸汁液,体黄绿色。

防治方法:于发生期喷灭蚜松1 000倍液,或灭扫利、敌杀死、速灭杀丁3 000~5 000倍液。

5. 食心虫

主要以幼虫潜入花蕾进行为害。

防治方法:掌握幼虫为害时期,喷灭幼脲1 000倍液,或敌杀死、灭扫利、功夫、乐斯本、来福灵2 000~3 000倍液。

6. 天牛

每2~3年发生1代,以幼虫或成虫在枝干内越冬,幼虫为害后排出木屑。6月上中旬成虫羽化时为害幼枝。

防治方法:

(1)成虫羽化后,多于早晨在枝干基部交尾,可人工捕杀。

(2)用52%磷化铝(每片3 g),按每个冲孔1/6片的用量,用镊子将药片塞入排粪孔内,再用黏泥封堵蛀(粪)孔。

(3)毒签杀虫。将制好的磷化锌毒签带药一端插入虫孔,深7~10 cm,每孔1支。

# 第十一章　金银花

## 第一节　树种特性及适生条件

### 一、生物学特性

金银花(*Lonicera japonica* Thunb.),又名忍冬、双花、银花、二宝花,是忍冬科忍冬属多年生半常绿藤本植物。当年生藤茎有一层暗紫色的表皮包裹,表皮上有多数单细胞表皮毛及腺毛,茎细长坚韧,多分枝,髓部中空;老枝光滑,表皮常脱落。单叶对生,少数枝3叶轮生,卵形至长圆形或卵状披针形,长3.0~7.0 cm,宽1.5~3.0 cm,先端钝或急尖,基部圆形至近心形,全缘,叶绿色纸质,凌冬不落,所以有忍冬之称。花自叶腋伸出,总花梗长于叶柄,上具双花;花冠管状,先端唇形,上唇四裂直立,下唇向外反卷,中间伸出稍长的5雄1雌的花蕊;花单双或双对而生,初开时为白色,2天后渐变为黄色,芳香,外面有柔毛和腺毛,花萼5裂,花冠长3~4 cm,子房无毛。花开满藤,白黄相映,故名金银花。果实球形浆果,成熟为蓝黑色。

金银花生长快,寿命长,其生理特点是更新性强,老枝衰退新枝很快形成。金银花的根系极发达,细根很多,生根能力强。根系以4月上旬到8月下旬生长最快。根系沿山体岩缝下扎深度可达9 m以上,向四周延长达12 m以上,在山岭坡地的土层中纵横交错,具有强大的固土和吸收水分、养分的能力。地上生长旺盛,藤茎分生能力强,当年生藤茎最长可达7 m以上;茎叶覆盖度大,在山区的地堰、梯田埂边、荒坡、地坡和河渠堤坡及瘠薄丘陵进行栽种,可固坡护堤,防止径流冲刷,是保持水土的优良植物资源。

### 二、栽培情况

世界上忍冬属植物有200多种,主要分布在北美洲、欧洲、亚洲和非洲北部温带至热带地区,我国有98种,约占世界总数的50%。中国各省均有分布。金银花的种植区域主要集中在山东、陕西、河南、河北、湖北、江西、广东等地。

其中,山东省临沂市平邑县为金银花的主产区,种植面积最大,野生品种居多,历史悠久,约有50万亩。金银花多野生于较湿润的地带,如溪河两岸、湿润山坡灌丛、疏林中。

其次,封丘县栽培金银花已有1 500多年的历史,梁代著名医学家陶弘景所著《名医别录》中有明确记载。目前种植面积达15万亩,年产金银花1 500万kg,年平均销售收入15亿元,并在全国形成“五个之最”:人工大田种植面积最大,单位面积产量最高,管理技术最好,品质最优,效益最佳,先后获得国家地理标志产品和中药材GAP认证。封丘金银花的品种优良,花蕾粗长肥厚,色艳质佳,香气扑鼻,药用效力高。封丘金银花也因此被国内一些大型制药企业定为药源基地,并销往日韩、东南亚等国家和我国台湾、香港地区。

### 三、对立地条件、气候要求

金银花对土壤要求不严，耐盐碱。适宜 pH 值 5.5～7.8。但以土层深厚疏松的腐殖土栽培为宜。

金银花喜温暖湿润、阳光充足、通风良好的环境，喜长日照。适应性强，能耐热、耐旱、耐涝、耐盐碱，尤其耐寒，抗零下 30 ℃低温，故又名忍冬。3 ℃以下生理活动微弱，生长缓慢。5 ℃以上萌芽抽枝。16 ℃以上新梢生长快，20 ℃左右花蕾生长发育快。适宜生长温度 20～30 ℃，但花芽分化适温为 15 ℃。生长旺盛的金银花在 10 ℃左右的气温条件下仍有一部分叶子保持青绿色，但 35 ℃以上的高温对其生长有一定影响。

## 第二节　发展现状与发展空间

### 一、发展现状

#### （一）金银花的种植和加工情况

河南金银花种植主要集中在封丘、新密、淅川、西峡等县，以封丘县种植面积最大。目前，河南省金银花以卖原材料为主，有部分制药企业生产金银花产品，如河南福森药业集团、河南省宛西制药股份有限公司等，涉及的金银花产品有双黄连口服液、双黄连注射液、银黄颗粒、金银花茶、金银花饮料等，但是知名产品在市场上的占有率较低。

#### （二）金银花产业存在的主要问题

1. 金银花优良品种少，种植方式相对粗放

选育的金银花优良品种比较少，在生产上优良品种推广得还不够。种植管理比较粗放，未进行科学有效的整形修剪、施肥打药、病虫害防治等田间管理工作，导致金银花产量和品质不能有效提高，如何加强抗病虫品种选育和规范金银花种植管理是今后的主要任务。

2. 金银花的有效成分比较复杂，对其成分的研究还不够深入

现在主要是对绿原酸的分析与提取，而对其他成分如黄酮类的研究还不够，涉及不多，因此有必要拓宽对其他有效成分的研究。

3. 金银花茎叶及加工副产品利用还不够

金银花茎叶及加工副产品还未充分利用起来，需要进一步扩大应用领域。现在大多以金银花花蕾作为药材加工和食品开发的主要原料，而金银花的茎叶中也含有绿原酸、氨基酸、葡萄糖等物质，尤其是叶片中的绿原酸含量高，具有较高的开发利用价值。

4. 缺乏龙头带动企业

虽然金银花面积有较大的发展，产量有较大的提高，但是缺乏在全国具有一定影响力的行业集团及龙头企业的带动，集约化、规模化和产业化的程度与其他产地相比存在很大的差距，深加工与研发也相对落后，严重制约了金银花综合效能的发挥和经济效益的提高。

5. 科技与服务滞后，阻碍了金银花的生产发展

金银花是一个传统产业和弱势产业，其发展更需要科技的支撑和社会化服务的保障。目前对金银花的研究相对比较薄弱，基础性和高新技术研究滞后，人才比较匮乏，科技投入不足，科技服务的力度不够，这严重阻碍和制约了金银花产业的效益提高。

### 二、发展空间

金银花主要药用部位为未开放的花蕾，主产于河南封丘、山东平邑、河北巨鹿等地。因近几年各行业对金银花的开发力度增大，各类金银花深度开发的系列产品纷纷进入市场，导致金银花市场的需求量日益增长，但各地区在种植规模上一直保持平稳状态，种植面积没有明显增长。

2016 年金银花可供货源充足，买货的商家有所增多，价格比较平稳，有上涨的趋势，目前优质纯青货售价在 105 元/kg 左右，统货根据质量不同售价在 80 ~ 100 元/kg，药厂收购价格在 75 元/kg 左右，发展趋势良好。

## 第三节　经济性状、效益及市场前景

### 一、经济性状

#### (一)观赏价值

由于金银花具有生长快、寿命长、根系发达、生命力强、枝条多、叶子密度大、郁闭快的生物学特性，因此它有良好的蓄水保土效益。金银花的适应性很强，对土壤和气候的要求并不严格，以土层较厚的沙壤土为最佳。在山坡、梯田、地堰、堤坝、瘠薄的丘陵都可栽培。在当年生新枝上孕蕾开花。在酸性土壤和盐碱地上均能生长。试验证明，金银花在片麻岩、石灰岩、角砾岩地区沙土、黏土上均能生长，幼苗期在沙壤土上生长较快，黏土上生长缓慢。金银花是一种很好的固土保水植物，山坡、河堤等处都可种植，故农谚讲：“涝死庄稼旱死草，冻死石榴晒伤瓜，不会影响金银花。”

金银花由于匍匐生长能力比攀援生长能力强，故更适合于在林下、林缘、建筑物北侧等处做地被栽培；还可以做绿化矮墙；亦可以利用其缠绕能力制作花廊、花架、花栏、花柱以及缠绕假山石等。优点是蔓生长量大，管理粗放，缺点是蔓与蔓缠绕，地面覆盖高低不平，使人感觉杂乱无章。

#### (二)经济价值

忍冬是一种具有悠久历史的常用中药，始载于《名医别录》，被列为上品。“金银花”一名始见于李时珍《本草纲目》，在“忍冬”项下提及，因近代文献沿用已久，现已公认为该药材的正名，并收入《中国药典》。此外，尚有“银花”“双花”“二花”“二宝花”“双宝花”等药材名称。

中国作为商品出售的金银花原植物总数不下 17 种(包括亚种和变种)，而以本种分布最广，销售量也最大。商品药材主要来源于栽培品种，以河南的“南银花”或“密银花”和山东的“东银花”或“济银花”产量最高，品质也最佳，供销全国并出口。野生品种来自

华东、华中和西南各省区,总称“山银花”或“上银花”,一般自产自销,亦有少量外调。因药材供不应求,不少地区正积极开展引种栽培,金银花的产区逐渐扩大。

### (三)药用价值

金银花自古以来就以它的药用价值广泛而著名。其功效主要是清热解毒,主治温病发热、热毒血痢、痈疽疔毒等。现代研究证明,金银花含有绿原酸、木犀草苷等药理活性成分,对溶血性链球菌、金黄葡萄球菌等多种致病菌及上呼吸道感染致病病毒等有较强的抑制力,另外还可增强免疫力、抗早孕、护肝、抗肿瘤、消炎、解热、止血(凝血)、抑制肠道吸收胆固醇等,其临床用途非常广泛,可与其他药物配伍用于治疗呼吸道感染、菌痢、急性泌尿系统感染、高血压等40余种病症。

金银花性寒,味甘,入肺、心、胃经,具有清热解毒、抗炎、补虚疗风的功效,主治胀满下疾、温病发热、热毒痈疡和肿瘤等症。其对于头昏头晕、口干舌渴、多汗烦闷、肠炎、菌痢、麻疹、肺炎、乙脑、流脑、急性乳腺炎、败血症、阑尾炎、皮肤感染、痈疽疔疮、丹毒、腮腺炎、化脓性扁桃体炎等病症均有一定疗效。

金银花藤煲水后对小孩湿疹等皮肤瘙痒有一定治疗作用,对畜禽的多种致病的病菌、病毒有抑制作用,在动物饲养过程中若能添加一定剂量的金银花藤叶粉或煲水,对预防和治疗动物的温病发热、风热感冒、咽喉炎症、肺炎、痢疾、肿溃疡、丹毒、蜂窝组织炎等症均有相当好的作用。用连翘、板蓝根煎金银花汤可以治疗腮腺炎;金银花茶可以祛暑明目;连翘金银花凉汤可治疗外感发热咳嗽。同时将金银花、菊花、桔梗和甘草加水煮沸10分钟,当饮料饮用,可治疗咽喉炎和扁桃体炎。

已生产的金银花制剂有“银翘解毒片”“银黄片”“银黄注射液”等。“金银花露”是金银花用蒸馏法提取的芳香性挥发油及水溶性溜出物,为清火解毒的良品,可治小儿胎毒、疮疖、发热口渴等症;暑季用以代茶,能治温热痧痘、血痢等。茎藤称“忍冬藤”,也供药用。

金银花广泛的药用价值和保健用途,给商家带来了无限的商机。南京野生植物研究所利用现代科学技术研究开发的金银花茶,产品畅销我国香港及新加坡和美国。金银花茶有独特的减肥功能,还能抑制与杀灭咽喉部的病原菌,对老人和儿童有抗感染功效。经常服用金银花浸泡或煎剂有利于风火目赤、咽喉肿痛、肥胖症、肝热症和肝热型高血压的治疗与康复。用金银花提取的医用原料绿原酸售价高达1 000元/kg以上,在国内外市场仍是供不应求的抢手货。金银花也可以不经加工,烘晒成干品后直接出口创汇,中国每年出口金银花创汇达数千万美元。金银花的有效成分为绿原酸和异绿原酸。这是植物代谢过程中产生的次生物质,其含量的高低不仅取决于植物的种类,而且可能在很大程度上受气候、土壤等生态、地理条件以及物候期的影响。

## 二、效益

金银花为多年生小灌木,主要靠无性繁殖扩大种植面积,寿命一般为30年左右,栽种3年就可以产生效益,至第五年能达到盛产,亩产干花100~300 kg。根据金银花的生长周期和特性,种植和管理都比较容易,按照亩产量100~300 kg,人均日报酬80元计算,每千克干花成本约50元,市场价格按80元计算,药农平均每亩能增加收入3 000~

9 000元。

药花间作，以药养花，经济效益十分显著。在金银花行间套药材的种植模式可以使园地经济效益显著提高。金银花生长前期套种甘草，通过对甘草的施肥、浇水管理，金银花从中得到了充足养分而旺盛生长。不仅促进了金银花的生长，还收获了套种的甘草，增加了经济收入。4 年以后，其行内形成了一定的荫蔽度，可以套种半夏，半夏喜湿、耐荫，长势良好，效益也十分可观，可谓是一举多得。

## 三、市场前景

### （一）金银花药用需求量会继续大幅增加

金银花属于传统中药材，主要功能是清热解毒，具有良好的抗菌消炎作用，被誉为“植物抗生素”，在滥用化学抗生素带来严重后果的情况下，金银花的需求量激增，为金银花药用带来了巨大的市场空间。金银花还含有多种抗氧化成分，可降血脂，用于预防、治疗心脑血管疾病，随着我国人口老龄化程度的加重，进一步加大了其市场需求。通过科技水平的提升，加大研制中药新药力度，提高中药产品质量标准，中药产品的国际销售量也会进一步增加。

### （二）人们保健意识增强，保健饮料、食品销量逐年增加

随着人们生活水平的提高，保健意识的不断加强，比以往任何时候都更加关注自身生活和生命质量，消费绿色保健食品正在成为国际趋势。保健食品行业具有广阔的市场发展前景，一些著名企业，如美国杜邦公司等纷纷投巨资进军保健食品产业。金银花含有绿原酸、黄酮类等活性物质，对于防治常见病、多发病，保障人们身体健康，有积极的作用，且具有巨大的市场空间，发展前景广阔。

### （三）中兽药市场潜力巨大

金银花具有显著的抗菌消炎作用，在防治畜禽疾病领域具有广泛的用途。同时，金银花的枝叶，牲畜适口性较好，含有丰富的营养物质，利用金银花枝叶及加工废弃物制造中兽药，或直接作为饲料，对于预防、治疗畜禽疾病有积极作用，是促进金银花产业发展的有效途径。

### （四）环保意识加强，绿化、美化环境是社会的发展趋势

随着社会的发展，环境问题越来越受到人们的重视。开展金银花种植不仅具有显著的社会效益、经济效益，同时也具有重要的生态效益。大面积种植可以绿化荒山，改良土壤，优化治理小流域环境，有助于建设独具特色的旅游基地。盆栽种植可以净化空气，陶冶情操，有利于身心健康，同时也可获得较大的经济效益。

### （五）综合开发利用潜力巨大，产业链建设会更加完善

金银花作为中药之瑰宝，在制药、保健食品、香料、化妆品等许多领域市场前景广阔。综合利用金银花植物资源，实现精、深加工，符合国家农业产业结构调整政策，也是金银花产业的发展方向。只要坚持标准化生产、加工，进一步开发利用其药用保健功效，不断提高产品的高科技含量，使生产、加工、应用等环节联系更加紧密，形成和完善产业链，金银花产业就一定能够做大做强，实现效益最大化。

# 第四节　适宜栽培品种

## 一、“鲁峪一号”金银花

该品种大白期10～15天不开放,极大地延长了最佳采摘期,不用担心采摘稍晚就要开花凋谢,在采摘时间上更具灵活性,一般每茬花集中采摘采收两次即可。该品种节间短,叶片下垂,花蕾大而且集中外露,采摘方便,可以大把采收,每人每天可以采收40～50 kg,而传统金银花只能采收10～15 kg,大大节省了人工成本,提高了金银花的经济效益,丰产期亩产100～150 kg干花。

## 二、“九丰一号”金银花

该品种茎枝粗壮,叶片厚大,叶色浓绿,绒毛多,节间短,徒长枝少,结花枝多。与传统金银花品种相比,具有以下突出优点:一是产量高。该品种花蕾肥大,一般长4.9 cm,最长达6.5 cm。密植园丰产期亩产干花可达150～200 kg,比当地主栽品种“大毛花”增产50%以上。二是有效成分含量高。绿原酸和木犀草苷是金银花的主要有效成分。经国家药监机构化验分析,该品种金银花绿原酸含量达3.9%,木犀草苷含量达0.16%,远远超过现行《中国药典》规定的绿原酸含量不得少于1.5%、木犀草苷含量不得少于0.05%的标准。三是采收工效高。采摘金银花要靠手工进行,传统品种大毛花等每人每天只能采摘鲜花5～10 kg,而“九丰一号”金银花因花针个大、花束集中,每人每天可采鲜花15～25 kg。四是抗逆性、适应性强。该品种抗干旱,较耐涝,抗病虫害。既适于山区丘陵栽植,又适宜土质肥沃的平原地区发展,也是防风固沙、保持水土的优良植物。

## 三、“金花3号”金银花

小乔木,叶大、厚、顶部尖,毛多。花大、花壁厚,毛长约0.22 cm。花针多数一雌五雄;花长一般5.2～6.1 cm,最长6.6 cm,千针鲜花重322 g(大毛花120.4 g,鸡爪花104 g)。徒长枝少,大多裸芽也为短花枝,大水大肥也不徒长枝蔓;节间短,多数从第一节间开花,直立度与地面成45°角;生长快,50天可长到0.5 cm粗;采收省工,产量是传统品种的2倍。

该品种高产、优质,当年栽植当年见效,丰产期亩产量达260 kg以上,一年开5次花。“金花3号”具有极高的经济性状,花蕾硕大,花针长比亲本大1倍,花瓣厚度是亲本的2.17倍,千蕾鲜花重是亲本的2.19倍,千蕾干花重是亲本的1.79倍,花蕾中绿原酸含量等有效成分比亲本大幅提高30%。该品种还具有极强的适应性和抗逆性,茎叶粗大,叶色浓绿,光合作用强,茎叶绒毛粗硬而长,尤其幼叶绒毛粗长,极抗忍冬圆尾蚜,叶片蜡质层厚而多,根系发达,具有极强的抗旱、耐瘠薄能力,具有很强的水土保持、防风固沙能力。

## 四、“豫封一号”金银花

属木本树形四季金银花,是在封丘金银花大毛花的基础上改良繁育的优良品种。其树形直立向上,层次分明,从上至下可分四至五层,花枝间节短,节花密,易采摘,花蕾肥大,花针长,产量高。花期长达5个月。一年内可多次开花,花期不间断,一年能连续开四至五茬花,而且开花多,花的产量高,丰产田地块干花亩产可达150 kg以上。有效成分含量高,该品种金银花绿原酸含量4.2%～5.8%,木犀草苷含量为0.14%～0.2%。该品种生长旺盛,早产丰产,病虫害少,抗逆性强,适应性广,适合各种植区引进种植。

## 第五节　组装配套技术

### 一、育苗

#### (一)苗圃地选择

苗圃地应选择地势平坦、土质深厚、排灌方便的沙壤土或壤土地。育苗前每亩施入腐熟有机肥3 000～5 000 kg、过磷酸钙或钙镁磷肥50 kg,耕翻后,及时耙平、耙细,整地做畦。

#### (二)育苗方法

繁殖可用播种、插条和分根等方法。

1.种子繁殖

种子的采集:秋季种子成熟时采集成熟的果实,置清水中揉搓,漂去果皮及杂质,捞出沉入水底的饱满种子,晾干贮藏备用。

播种:秋季可随采随种。如果第二年春季播种,于12月底、1月初,用沙藏法处理种子,按2～3倍湿沙催芽,等裂口达30%左右时播种。在畦上按行距21～22 cm开沟播种,将种子均匀撒入沟内,覆土1 cm,压实,每2天喷水1次,10余天即可出苗,秋后或第2年春季移栽,每亩用种子1 kg左右。

2.扦插育苗

插穗的选用:选健壮、充实的1～2年生枝条,截成长30 cm左右的插条,摘去下部叶子作插条,约保留3个节位,随剪随用。亦可结合夏剪和冬剪采集,采后剪成25～30 cm的枝段。选用结果母枝作插穗者,上端宜留数个短梗。

扦插:扦插在7～8月间,选阴雨天气进行。按行距23～26 cm,开沟,深16 cm左右,株距2 cm,把插条斜立着放到沟里,填土压实,以透气透水性好的沙质土为育苗土,生根最快,并且不易被病菌侵害而造成枝条腐烂。栽后喷一遍水,以后干旱时,每隔2天要浇水1遍,半月左右即能生根,第2年春季或秋季移栽。

插后管理:要加强圃地管理。根据土壤墒情,适时浇水,松土除草。夏季扦插,经过7～8天,芽即开始萌动,十多天后开始生根。冬、春季扦插,一般先生根后发芽。幼苗发生病虫害时要及时防治。

### 二、造林

#### (一)园地选择

金银花耐旱、耐寒、耐涝、耐瘠薄,对土壤要求不严,在微酸和偏碱土壤中均能正常生长开花,但是为了达到丰产、优质和无公害栽培的要求,园地应选择土壤疏松肥沃、排灌方便的地块。并要远离城市、工矿企业和交通要道,大气、土壤、灌溉水要经检测符合国家标准。

**(二)精细整地**

金银花密植园栽植前要进行土地平整,并要施足底肥,每亩地施优质腐熟有机肥4 000 ~5 000 kg,过磷酸钙50 kg,碳酸氢铵50 kg,硫酸钾10 kg,硫酸锌1 kg。为消灭地下害虫,可每亩地用辛硫磷 1 kg,拌细沙土 20 kg 耕前撒施,进行土壤处理。整地深度25 cm,随耕随耙,然后打成2 ~4 m 宽的畦埂。

**(三)使用壮苗**

壮苗是提高成活率,提早结蕾和早期丰产的基础。目前金银花生产上使用的壮苗标准是:茎秆粗壮、节间短、空心小、苗高50 cm 以上,老桩粗度0.8 cm 以上,老桩长度15 cm以上,新枝基部粗0.5 cm 以上,新枝长度30 cm 以上,15 cm 以上侧根3 条以上。使用壮苗,当年即可大量结蕾,可提早2 ~3 年进入盛产期。

**(四)科学栽植**

于早春萌芽前或秋冬季休眠期进行。在整好的栽植地上,先按确定的行、株距规划好定植点,如按行距130 cm、株距100 cm,然后在定植点挖50 cm 见方的定植穴,生土与熟土分开放置,每穴施入腐熟有机肥5 ~10 kg,过磷酸钙0.3 ~0.5 kg,肥料与熟土拌匀填到穴中,每穴栽壮苗1 株,栽植深度比苗木在苗圃中的深度略深一些,栽后踏实,浇足定植水,待水阴干后封土,略高于地面。为了提高成活率和快速返苗,一般在定植后2 ~3 周应再浇水一次,以后视情况浇水。

## 三、土肥水管理

**(一)中耕除草**

集中生产的丰产园要进行全面中耕。立地条件差的地方,如在山坡、丘陵或山沟、堤堰边栽植的,宜于植株周围实行松土,直径为60 ~70 cm,近处浅锄,外围深锄。

**(二)施肥**

栽植后的头1 ~2 年,是金银花植株发育定型期,应多施一些人畜粪、草木灰、尿素、硫酸钾等肥料。栽植2 ~3 年后,每年春初,应多施畜杂肥、厩肥、饼肥、过磷酸钙等肥料。第一茬花采收后即应追适量氮、磷、钾复合肥料,为下茬花提供充足的养分。每年早春萌芽后和第一批花收完时,开环状沟浇施人粪尿、化肥等。施肥处理对金银花营养生长的促进作用大小顺序为:尿素 + 磷酸二氢铵、硫酸钾复合肥、尿素、碳酸氢铵,其中尿素 + 磷酸二氢铵、硫酸钾复合肥、尿素能够显著提高金银花产量,结合营养生长和生殖生长状况以及施肥成本,追肥以追施尿素 + 磷酸二氢铵(150 g + 100 g)或250 g 硫酸钾复合肥为好。

**(三)适时浇水、排水**

封冻前浇1 次封冻暖根水,次春土壤解冻后,浇1 ~2 次润根催醒水,以后在每茬花蕾采收前,结合施肥浇1 次促蕾保花水,每次追肥时都要结合追肥灌水。土壤干旱时要及时浇水,以利于金银花植株新梢生长,可促进多次开花。雨季要注意排水。

## 四、整形修剪

### (一)整形

整形能使树体有良好的立体结构，主次分明，各级枝组配备合理，占有最大的开花空间，使树体呈理想的“伞塔形”。为了方便采摘和管理，树高和冠幅宜控制在1.3 m左右。整形通常于移植后1～2年萌芽之前进行。选择生长健壮的枝条作为主干，留30～40 cm，将顶梢剪去，以促进侧芽萌发成枝，再在主干上选留5～6个生长旺盛的枝条做主枝，其余的抹除，以后每个分枝再留5～7个对芽。

### (二)修剪

修剪的原则：主干定型，旺枝轻剪，弱枝重剪，枯枝都剪，花后复剪。金银花的修剪分冬剪和夏剪，冬剪可重剪，夏剪则轻剪。采用短截、疏剪、缩剪和长放等方法。成龄墩修剪主要是冬剪，要掌握去弱留强、去弯取直、去叠要疏等要领，还要根据水肥条件确定母枝的数量；每茬花蕾采摘后进行夏剪。中龄花墩以短截外围，疏剪弱枝为主；老龄花墩还要进行回缩修剪，利用直立徒长枝摘心的办法，培养新主干，进行更新复壮，保持花墩旺盛的生命力，达到年年丰产的目的。

1. 冬剪

不宜过早，因为金银花属半常绿灌木，初冬季节，树体仍保留大部分叶片，在山沟背风向阳处，叶片能凌冬不凋。为充分利用光能，使树体贮藏较多的营养物质，冬剪最好在每年的12月下旬至翌年的早春尚未发出新芽前进行。冬剪主要是剪去在主干上生长出来的枝条，并在主枝上选留少量翌年能开花的母枝。对细弱枝、枯老枝、基生枝等全部剪掉，对肥水条件差的地块剪枝要重些，株龄老化的剪去老枝，促发新枝。幼龄植株以培养株型为主，要轻剪。幼龄植株只能选择3～5条健壮的枝条，并在3～6 cm处将上梢剪去。金银花植株在日平均气温5 ℃左右，即进入萌芽期，新梢开始生长，故冬剪不宜过迟。冬剪偏晚，消耗营养，则易损失树体贮藏的营养物质，影响树势。

2. 夏剪

金银花4～5年后进入盛花期。平原种植一年可采收四茬花，肥水要保证，修剪是关键。在每茬花蕾采摘后进行，夏剪以短截为主，疏剪为辅。短截的轻重，要根据枝条的长势，尤其要根据新梢腋芽的萌发程度而定。多数新梢2～6茎节处萌发较早，修剪时可留3～5个节间，徒长枝和长壮枝要重短截至2茎节芽处，使整个树体枝条基本萌发一致；否则，徒长枝和长壮枝萌发早，短果枝萌发晚，造成现蕾时期不一致，花期不集中。

初春和早春金银花的主干基部和骨干分杈处，常产生不定芽，数枚或十数枚簇生。这类着生在植株中、下部的萌芽，每年早春萌发前即应抹除，这类未被及时抹除的萌芽，常发育成徒长枝和长果枝，浪费营养物质，影响树形和树势。

## 五、收获加工

### (一)采收期

金银花的采收期，一般在5～8月。最适宜的采摘标准是“花蕾由绿变白，上白下绿，上部膨胀，尚未开放”。这时的花蕾，按花期划分是二白期、大白期。采摘时间性很强，黎明至9时以前，择晴天早晨露水刚干时摘取花蕾，采摘花蕾最为适时，此时采收花蕾不易开放，养分足，气味浓，颜色好。下午采收应在太阳落山以前结束，因为金银花的开放受光照制约，太阳落后成熟花蕾就要开放，影响质量。花蕾干燥后呈青绿色或绿白色，色泽鲜艳，折干率高，平均4.2 kg鲜品出干品1 kg。按采摘阶段，分为头茬花蕾和二茬花蕾。光、热、水、肥条件好，夏剪、摘心管理正确适时，亦可采收3～4茬花蕾。采蕾时期可由5月中、下旬，一直延续到9月中旬。头茬花蕾约在“立夏”至“小满”采摘，时间约为10天，一般后5天花蕾的采摘量较多；第二茬花蕾约在“夏至”到“小暑”期间采摘；第三茬花蕾在“大暑”到“处暑”期间采摘；第四茬花蕾在白露以后采摘。4茬花蕾采收量的比例是4:3:2:1。

### （二）采摘方法

采摘金银花使用的盛具，必须通风透气，一般使用竹篮或条筐，不能用书包、提包或塑料袋等，以防采摘下的花蕾蒸发的水分不易挥发再浸湿花蕾，或温度不易散失而发热发霉变黑等。采摘的花蕾均轻轻放入盛具内，要做到“轻摘、轻握、轻放”。金银花商品以花蕾为佳，不带幼蕾，混入开放的花或梗叶杂质者质量较逊。花蕾以肥大、色青白、干净者为佳。采后放入条编或竹编的篮子内，集中的时候不可堆成大堆，应摊开放置，置于芦席或场上摊开晾晒或通风阴干，以1～2天内晒干为好。晒花时切勿翻动，否则花色变黑而降低质量，至九成干，拣去枝叶杂质即可。忌在烈日下暴晒。阴天可微火烘干，但花色较暗，不如晒干或阴干。

金银花商品国家标准分为四等：

一等：货干，花蕾呈捧状，上粗下细，略弯曲，表面绿白色，花冠厚稍硬，握之有顶手感；气清香，味甘微苦。开放花朵、破裂花蕾及黄条不超过5%。无黑条、黑头、枝叶、杂质、虫蛀、霉变。

二等：与一等基本相同，唯开放花朵不超过5%。破裂花蕾及黄条不超过10%。

三等：货干，花蕾呈棒状，上粗下细，略弯曲，表面绿白色或黄白色，花冠厚质硬，握之有顶手感。气清香，味甘微苦。开放花朵、黑头不超过30%。无枝叶、杂质、虫蛀、霉变。

四等：货干。花蕾或开放花朵兼有，色泽不分。枝叶不超过3%，无杂质、虫蛀、霉变。

只有知道如何鉴别金银花，才可以确保购买到品质好的金银花，这样才能更好地治疗疾病。

## 六、主要病虫害防治

### （一）主要病害及防治

#### 1. 褐斑病

叶部常见病害，造成植株长势衰弱。多在生长后期发病，8～9月为发病盛期，在多雨潮湿的条件下发病重。发病初期在叶上形成褐色小点，后扩大成褐色圆病斑或不规则病斑。病斑背面生有灰黑色霉状物，发病重时，能使叶片脱落。

防治方法：剪除病叶，然后用1:1.5:200比例的波尔多液喷洒，每7～10天1次，连续2～3次；或用65%代森锌500倍稀释液或甲基托布津1 000～1 500倍稀释液，每隔7天喷1次，连续2～3次。

2. 白粉病

在温暖干燥或植株荫蔽的条件下发病重;施氮过多,植株茂密,发病也重。发病初期,叶片上产生白色小点,后逐渐扩大成白色粉斑,继续扩展布满全叶,造成叶片发黄,皱缩变形,最后引起落花、落叶、枝条干枯。

防治方法:清园处理病残株;发生期用50%甲基托布津1 000倍液,或生物农药BO-10喷雾。

3. 炭疽病

叶片病斑近圆形,潮湿时叶片上着生橙红色点状黏状物。

防治方法:清除残株病叶,集中烧毁;移栽前用1∶1∶(150~200)波尔多液浸泡5~10分钟;发病期喷施65%代森锌500倍液,或50%退菌特800~1 000倍液。

**(二)主要虫害及防治**

1. 蚜虫

为害叶片、嫩枝,引起叶片和花蕾卷曲,生长停止,造成严重减产。一般在清明前后开始发生,多在叶子背面。立夏前后,特别是阴雨天,蔓延更快。

防治方法:用10%吡虫啉3 000~5 000倍液,或50%抗蚜威1 500倍液,或灭蚜松(灭蚜灵)1 000~1 500倍稀释液喷杀,连续多次,直至杀灭。

2. 金银花尺蠖

系为害其叶片的主要害虫,严重时整株叶片和花蕾被吃光,仅剩下叶脉和叶柄,给生产带来严重损失。

防治方法:入春后,在植株周围1 m内挖土灭蛹。幼虫发生初期,喷2.5%鱼藤精乳油400~600倍液,或用微生物农药青虫菌和苏云金杆菌天门7216菌粉悬乳液100倍喷雾,防治效果显著。也可用20%杀灭菊酯2 000倍液,或2.5%溴氰菊酯1 000~2 000倍液喷雾。

3. 咖啡虎天牛

为害时期及症状:4月中旬田间有成虫出现,5月底6月初幼虫为害金银花,直到8月下旬,天牛的幼虫一直在金银花枝干内蛀食为害。8月底9月初化蛹羽化,以成虫在被害枝干内越冬。金银花被天牛为害后,先是被害枝条上的叶片出现萎蔫症状,随后枝条完全枯死。劈开被害枝条后,可以看到表皮下的枝干上呈现S形延伸的虫道,甚至蛀入枝条髓部,虫粪在虫道内,不排出。

防治方法:

(1)每年6月,在田间发现有萎蔫枝条时立即剪除,找出幼虫杀死。冬季修剪剪掉有虫枝、枯死枝,挖除枯死树,集中烧毁,消灭越冬虫源,效果较好。

(2)用糖醋液诱杀成虫。糖∶醋∶水=1∶5∶4,另外加入0.01%的晶体敌百虫做诱集剂,诱集容器放在离地面1.5 m的架子上,每天捞出诱集液中的死虫,集中埋入土内。根据情况及时添加诱集液,每半个月更换一次诱集液。

(3)在4月底至5月上旬成虫发生期,田间发现大量成虫时及时用药防治。可用以下药剂喷雾防治:40%速扑杀乳油1 000~1 200倍药液,或8%绿色威雷(氯氰菊酯)微胶囊剂200~300倍液。

(4)当幼虫蛀入茎后,可用注射器吸取80%敌敌畏油原液注入茎干,再用稀泥密封蛀孔,毒杀幼虫。

# 参考文献

[1]王照平.河南适生树种栽培技术[M].郑州:黄河水利出版社,2009.

[2]孙垟,肖千文,黄丽媛,等.核桃单株经济性状的主成分分析[J].四川农业大学学报,2011,29(2):185-190.

[3]高海生,常学东,蔡金星,等.我国板栗加工产业的现状与发展趋势[J].中国食品学报,2006,6(1):429-436.

[4]杨志斌,杨柳,徐向阳.板栗加工现状及剩余物利用前景[J].湖北林业科技,2007(1):57-59.

[5]陶建平,陶品华,茅建新,等.猕猴桃的生物学特征特性及主要栽培技术[J].上海农业科技,2013(3):67-68.

[6]朱建光,李娜,翟继红.猕猴桃无公害优质高产栽培技术[J].果农之友,2009(7):19-20.

[7]俞飞飞,孙其宝,陈晓东.黄金梨在江淮地区的引种表现及栽培技术[J].安徽农业科学,2004,32(1):96,106.

[8]李志霞,聂继云,李静,等.梨产业发展分析与建议[J].中国南方果树,2014,43(5):144-147.

[9]朱更瑞,方伟超,王蛟,等.河南省桃产业现状与发展建议[J].果农之友,2011(5):41-43.

[10]原双进,晏正明.经济林优质丰产栽培新技术[M].杨凌:西北农林科技大学出版社,2008.

[11]庞振凌,朱青晓.南阳山茱萸开发现状及前景展望[J].河南农业科学,2004(1):43-44.

[12]马小琦,阎红军.河南省山茱萸生产现状及发展对策[J].河南林业科技,2003,23(3):53-54.

[13]傅大立.辛夷植物研究进展[J].经济林研究,2014,18(3):61-64.

[14]倪锋轩,吴玉洲,张江涛.河南辛夷丰产栽培技术[J].中国园艺文摘,2011(5):193-194.

[15]彭素琴,谢双喜.金银花的生物学特性及栽培技术[J].贵州农业科学,2003,31(5):27-29.

[16]王光全,孟庆杰,张志忠.金银花生物学特性及其栽培利用[J].江苏林业科技,2000,27(6):36-37.